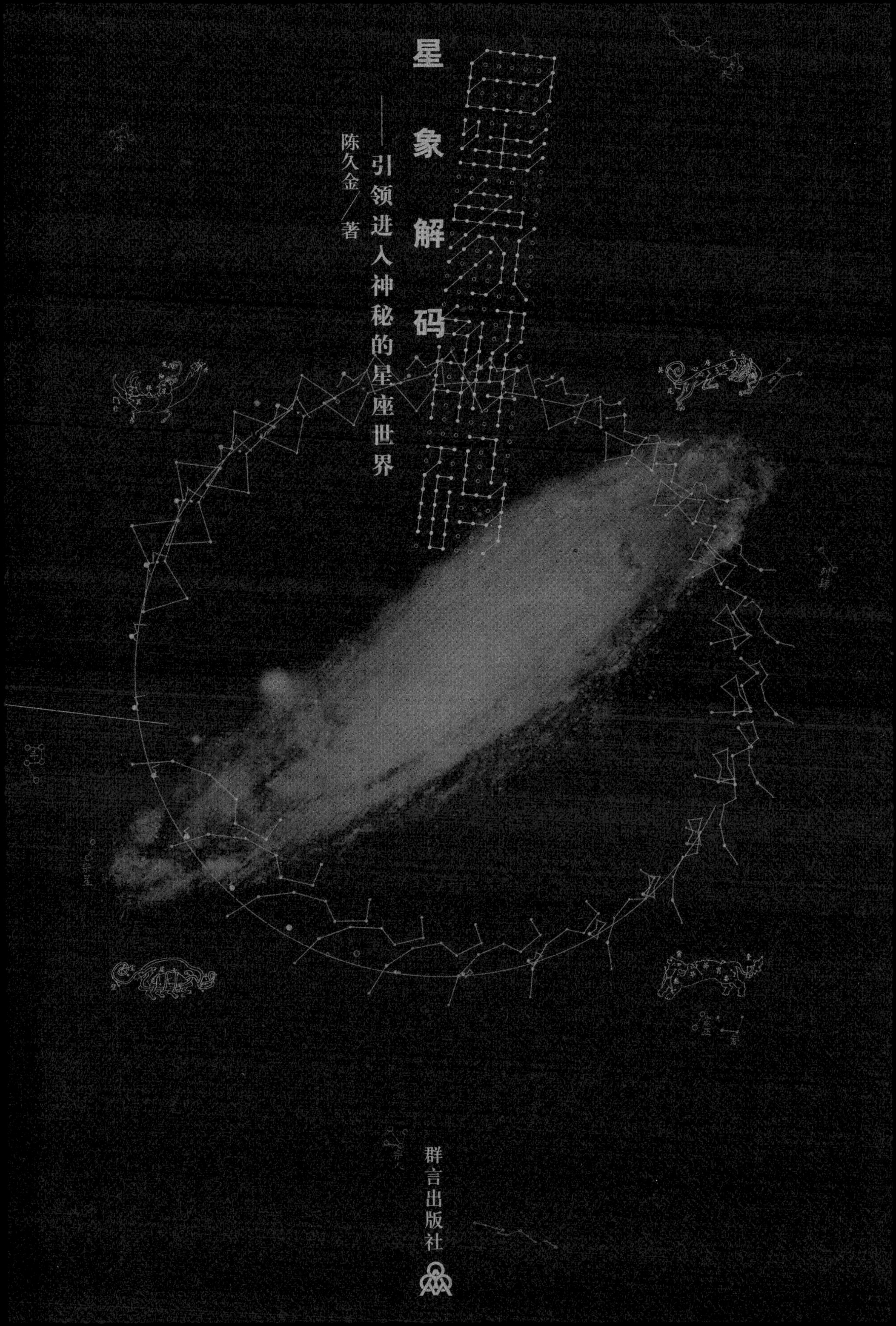

星象解码

——引领进入神秘的星座世界

陈久金／著

群言出版社

序

当人们仰望星空时，会看到什么呢？对这个问题的回答可以是科学的，也可以是文化的，并且可以是文化的不同层面的，如宗教的、神话的、哲学的、文学的等等。时代越古老，属于科学的层面就会越少。

星空的含义不是星空自给的，而是人类社会的产物。正如苏东坡所说的那样：“南箕与北斗，乃是家人器；天亦岂有之，无乃隧自谓。”来自不同社会背景和文化的人，对同样的天空现象的解答可能是截然不同的，比如同样是北斗七星，中国人说它是天帝的马车，古希腊人说成是美女卡利斯托(Caliso)变的大熊，北美印地安人则称之为七兄弟。

关于夜空中星座命名的来源、意义以及其中包含的故事，人们熟悉的大多都是古希腊的系统，这主要是因为现代天文学所用的88个星座系统就是从古希腊传统发展起来的，同时也因为古希腊充满浪漫色彩的星空故事系列书在国内已经有了很多种。但是，中国古代也有自己一套独具特色的星座体系，而且这个体系是把中国古代社会和文化搬到了天上而建立起来的。可惜的是，对于这个体系极其丰富的文化底蕴知者甚少，系统介绍它的书到目前还没有一本。不过这也并非偶然，因为写这样一本书，是需要苛刻条件的，要求作者对天文学、中国古代的天文星占学、古代史、民族学等众多领域都要具备较深的造诣，所以长期以来没有合适的人选来完成这个任务。

陈久金同志早在1976年就开始和民族学家合作，跑遍了祖国的西南西北和南方等地区，深入到民间采访调查了十几个民族，并收集了古代匈奴、契丹等的天文知识，开辟了中国天文史研究的一个新领域。正因为久金同志有了这样的研究积累，才会有今天这样一本书呈现给广大读者。

久金同志在本书的前言中指出：“阅读这本书，同时可以起到认识中国星座、学习中国历史，以及通过与星名有关的历史故事，加深对星座的认识、理解和记忆的三重目的。”依我看，这本书带给读者的还有更厚重的中国传统文化的一个独特层面，这种集天文学和传统历史文化知识普及于一书的作品，对于读者自然是十分难得的一份宝贵精神财富，对于祖国传统文化和传统天文学的弘扬也是一件可喜可贺的工作。

久金同志和责任编辑王荣彬同志与我谈起本书的出版过程，以及群言出版社对于这本书的科学文化价值的认识和特别重视，令我十分高兴。作为一个天文学史研究者、久金同志的同事、同行，我欣然提笔写几句话，是为序。

席泽宗

2004年2月日于北京

正文目录

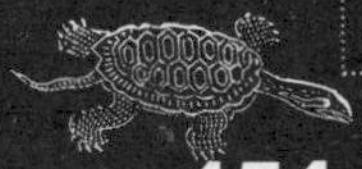

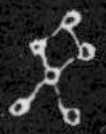

插图索引

内文图

插图索引

彩图

前　言

本书打算向读者介绍农历十二个月中，每个月初昏时位于中天附近的中国星座。当然，其深层的内容包括中国星名的含义，以及隐藏在星名后面的故事。这些故事，有些是真实的历史事实，有些则是神话传说。本书的做法是，先介绍每个月位于中天的几个星座位置、形状和特点，然后讨论星名的来历和含义，最终连带出与此相关的星座故事。

中国正面临社会经济文化飞速发展的时代，每一个中国人都应该提高自己的文化素养，除具有较高的专业知识以外，也需懂得华夏文明其它方面的一些基本知识。中国星空，就是这些基本知识的一个方面。中国星座，有自己一套独立的体系，自古以来，一直在华夏民族中流传和应用。它不但在中国国内56个民族中流行，而且影响到朝鲜、日本、越南等亚洲东部的许多国家和民族。作为一个中国人，对本民族的星座体系和名称应该有所了解，这些星座的名称，是在长期的历史发展过程中形成的，其中包含着丰富的历史和文化积累。我们写这本书，就是想通过对中国星座神话故事的介绍，帮助读者在轻松愉快的神话故事阅读过程中了解中国各个星座名称的来历，懂得它深刻的文化内含，并且牢固地记住它，由此认识中国的星空。

明末著名思想家顾炎武在《日知录》中指出：“三代以上，人人皆知天文：七月流火，农夫之辞也；三星在户，妇人之语也；月离于毕，戍卒之作也；龙尾伏辰，儿童之谣也。”可知在中国古代民众中认识星座、关心星座之普遍。古人关心星座的出没方位，与借助于判断季节有关，现今日历十分普及，故借助于星座出没方位的意义自然就没有古代那么重要了，再加上现代化的城镇灯光掩没了夜空星座的显现，环境的污染，同时也减少了空气的透明度，致使不少城镇居民，距离星空世界越来越远，人们对古代的传统文化也越来越淡忘了。

我们认为，为了跟上时代发展的步伐，努力学习各种现代化的专业知识是第一位的，这是人人都能明白的道理，但是为了提高我们国民的文化素养，传统的文化知识也不能丢。很难想象有着高等文化教养的文化人，对于古代农妇也能信口说出的星座知识，在他们的头脑中空空如也。因此我们建议不妨把这本书当作饭后茶余的消遣品，在外出旅游、出差，到乡镇人烟稀少、远离灯光的空矿之地时，利用空余时间，打开这本小册子，找到相应月份的章节，在黄昏时认认相应的星座，与这些星

座有关的历史故事和神话故事，也就相应地浮现在脑际。以后每当看到这个星座，就会想起这个故事；在文献中每当读到这个故事，就会联想到这个星座。

跟着西方人讲西方星座神话的书，已经出版了不少，其引导人们学习和熟悉星空和天文学知识所起到的作用不小。但我们是中国人，在学习和熟悉西方星座知识的同时，对中国星座及其中隐含着的神话故事也应该有所掌握。我们不仅要懂得和熟悉西方系统的天蝎座、猎户座、大熊座等，还应该熟悉中国系统的大火星、伐星、北斗星所谓三大辰，高辛氏二子的故事，以及苍龙、白虎、北斗七星背后所隐含着的内容丰富的历史故事。阅读这本书，同时可以起到认识中国星座、学习中国历史，以及通过与星名有关的历史故事，加深对星座的认识、理解和记忆的三重目的。通过这本书的阅读，读者朋友就会明白，中国的星名原来是与中国古代一个个历史故事联系在一起的，由此更增加学习天文知识的趣味性。全书大约包含有一百个故事，时间上跨越了从远古的蛮荒时代直到隋唐，内容涵盖了神话传说和真实的历史故事等各个方面。

本书以介绍十二月中星为线索，以二十八宿及其附座为骨干，将一个个星座、一个个故事连接贯穿起来。全书以每一个农历月为一章，围绕着该月的中星展开具体的介绍，同时将与其有关的历史故事告诉大家。我们在每一章中，只重点介绍两三个主要星座，因此认识记忆起来并不困难。在认识和辨认这些星座时，您只需在傍晚时仰望中天星座，并对照本书有关星图即能找到。

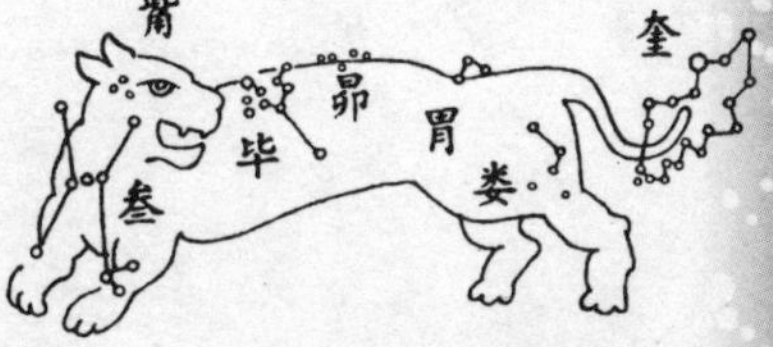

本书所涉及的内容和认识，为笔者毕生从事天文学史研究的总结和积累。当然，在研究过程中也受到了陈遵妫、朱文鑫、李约瑟、何光岳、陆思贤、冯时等学者著作的启发和影响。他们的发现、认识和论述，书中都有交待和引述。本书作这样的介绍和论述，在中国科技史界还是第一次尝试，万事开头难，很多观点和结论还是个人意见，疏漏不足，甚至错误之处在所难免，欢迎广大读者朋友批评指正。

星　　象　　解

第一章 中国星空综述

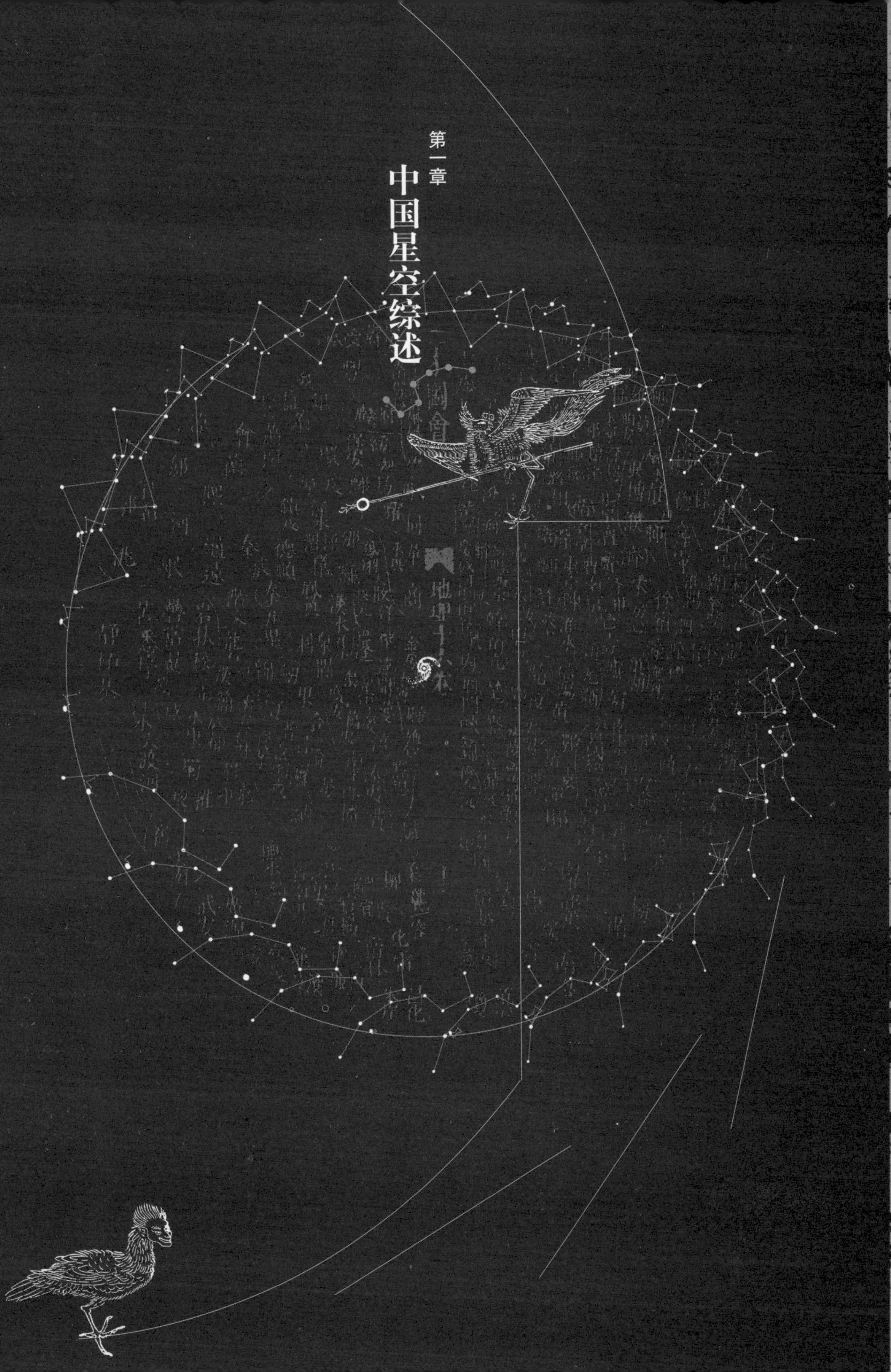

第一章

中国星空综述

第一节 中国星空的划分和命名

一、中国星座命名的两个基本特点

1……天文地理分野的特点

这个特点，主要反映在黄道带上（见图1）。它首先起源于东夷民族和西羌民族这两大民族的融合上，这就是载在《国语》中的所谓高辛氏有二子，长曰阏伯，次

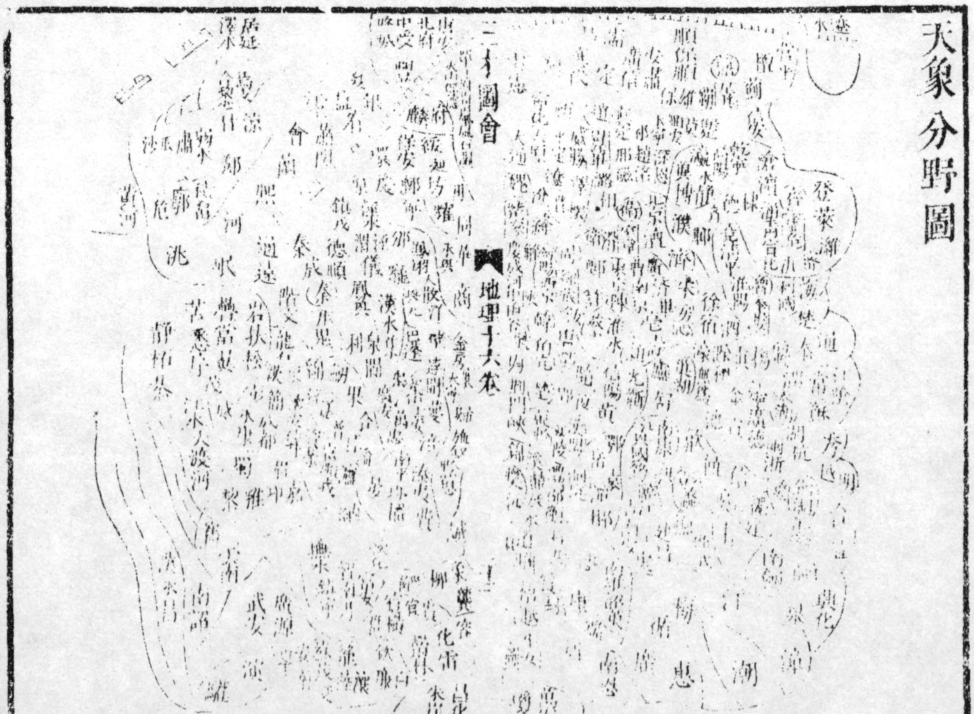

⊙图1
天象分野图
引自《三才图会》，从中可以看出二十八宿与中国各地域的对应关系

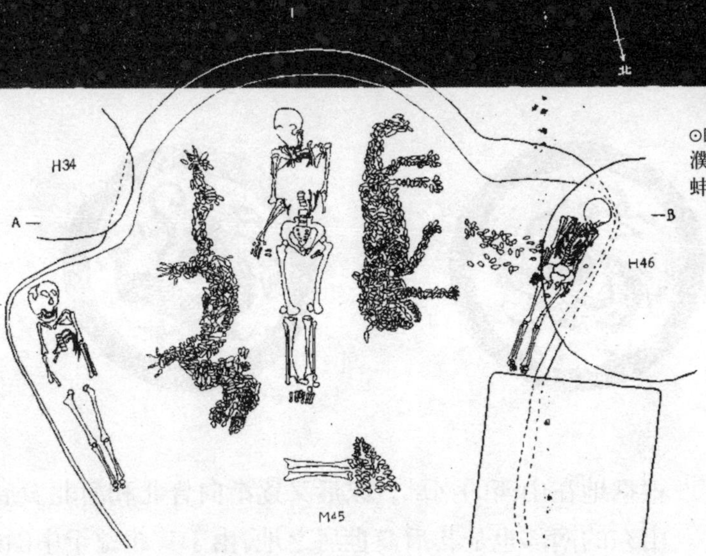

⊙图2
濮阳新石器遗址出土龙虎蚌塑描摹图

曰实沈，日寻干戈，帝后将他们分配在东西两个方向，永不见面，由此形成了以阏伯观测大火星为中心的东方苍龙星座和以实沈为中心的西方白虎星座。这个观念的产生时代可能很早，因为数十年前在河南濮阳古墓中出土了6000年前的龙虎蚌塑星象，正是与《国语》的记载相呼应的。龙虎蚌塑图（见图2）出土这一事实表明，远古时中国境内的各个民族都有本民族所崇祀的星座，并用以确定季节的早晚。

随着加入华夏联盟民族的增加，为了更精确地区分季节，天文学由二象发展成四象，它象征着四季星象，对应着华夏地区的四个主要民族。在远古时，这些民族各有自己的分布地域，就是所谓的东夷、西羌、南蛮、北狄。东夷自古就分布在中国东部的沿海地区，占有山东、江苏的北部、安徽的北部、河南的东部等地，他们以龙为图腾，古代称之为太昊民族。后来随着民族的融合和繁衍，又从中分衍出少昊族，他们以鸟为图腾，并逐步向南、向西迁移，故有南方少昊之称，他们与南方的苗蛮集团杂居和融合，成为以鸟为图腾的民族生存的根据地。

古西羌生存的根据地在甘肃、陕西和四川的西部一带，逐渐向四面发展，后分炎帝族、黄帝族两大支系向东发展，他们普遍地以虎为自己的图腾。后来这两个支系又重新融合，羌姓和姬姓，就是其后裔。他们生存的

⊙图 3
汉代的四象瓦当
分布在黄道带上的四方动物星象，东方龙对应春季，南方鸟夏季，西方虎秋季，北方龟蛇冬季，请注意北方为什么是龟蛇相配

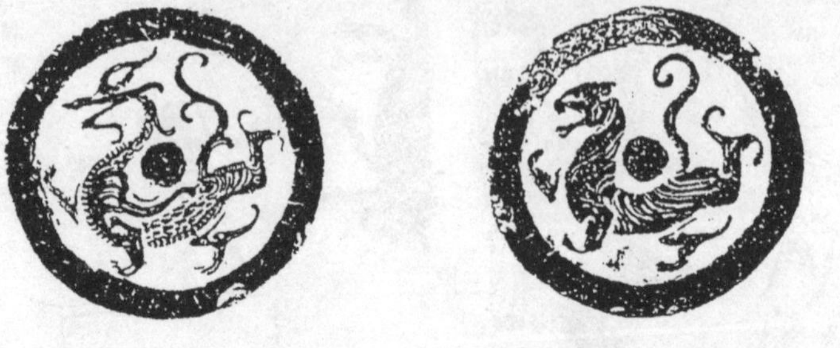

根据地在山西的南部，以后又逐渐向晋北和河北发展，山东的南部也是其后裔世居之地。由于其起源于中国的西部，晋南也属中原的西部，故人们习惯于将炎黄系统的民族称为西方民族。

据前人研究，夏人也是起源于西羌的一个支系，在建立了中国历史上第一个奴隶制王朝夏之后，在山西南部和河南西部的中心地带创立了夏文化，故晋南一带称之为夏墟。夏人的后裔随着晋人的势力扩张而逐渐向北、向东发展，其主要分布在并州、冀州一带。又据《史记·匈奴传》记载，夏亡之后，夏桀之子淳维妻桀众妾避居北野而成为匈奴之祖。故在人们的观念中，夏人为北方民族，后世建立的多个北方地方政权，多用夏这个国名，其原因就在于此。如十六国时期的夏国，隋末的大夏政权，宋代的西夏国等，都在山西、陕西、甘肃一带，正是中国的北方之地。夏桀败亡之时曾奔依南巢，这是由于夏人与越人建有同盟和婚姻关系的原因。夏亡之后也有相当数量的夏人融于越族，故有越奉夏祀之说。正是由于这个原因，越虽位在南方，在天文地理分野上却与夏同属北方。夏人和越人都以龟蛇为图腾。夏人以龟或以三足鳖为图腾，越人以蛇为图腾。龟蛇合称，正象征着夏越民族间的联姻关系。

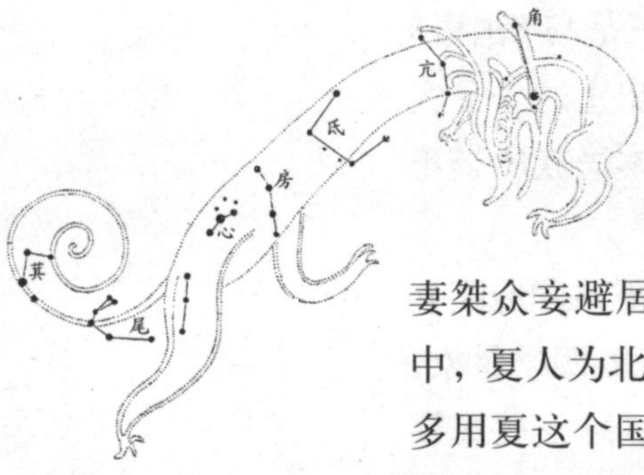

⊙图 4
东方苍龙之象

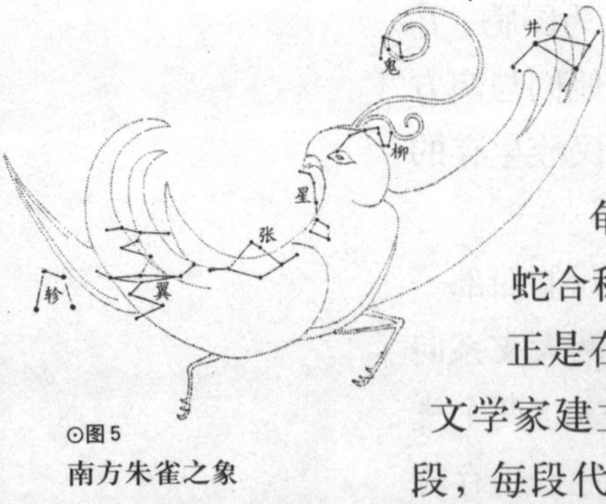

⊙图 5
南方朱雀之象

正是在华夏上古图腾崇拜的基础上，中国古代天文学家建立起黄道带四象的观念，将黄道带分为四段，每段代表一个季节。东夷以龙为图腾，又位在东

方，便以苍龙作为黄道带东段的名称；西羌族以虎为图腾，又位在西方，便以白虎作为黄道带西段的名称，其余南方少昊、北方夏越也分别以朱雀、玄武作为黄道带南段、北段的名称（见图4–7）。这是中国星座命名的真谛，也是建立天文地理分野思想的基础。要是不明白这个道理，就会以为古人单纯是以四个星座的形象分别以龙、虎、雀、龟蛇来命名那就错了。其实以动物形象来解释四象的来历纯属误会，本书后面还将不断告诉大家，四象各段内的二十八宿等星名，全都对应于各自民族地区的历史故事和地名，这便是确凿无疑的证据。例如，西方七宿中的三个星次名称，实沈源出于分配在西方的高辛氏二子之一的名字；大梁为姬姓魏国的都城；降娄及娄宿均源出于羌人中的一个支系娄人；毕宿的名称，源出于建立魏国的毕万；大陵星名，源出于姬姓晋国的王陵。其它四象范围内的星名，也都只与对应的民族有关。单纯星名象物的观点，对此是无法作出解释的。

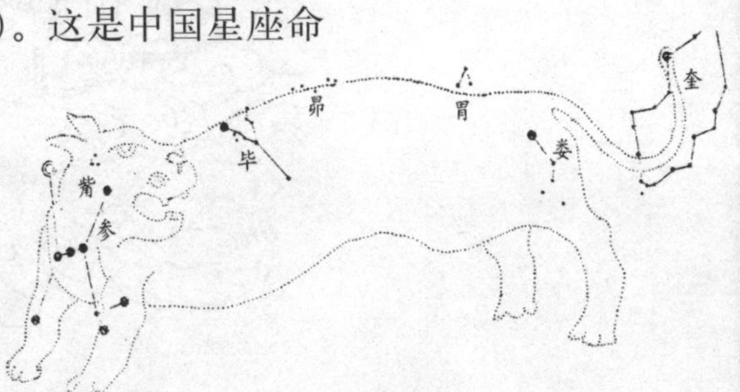

⊙图6
西方白虎之象

如果要将中国星空划分得更具体些，除三垣二十八宿以外，还有一条银河及银河附近与银河有关的星座，如牛郎、织女、六处关梁等。还有南方、北方、西方三处战场和两处农业区等。中国系统的星座总数虽然比西方多，但作了以上分区和归

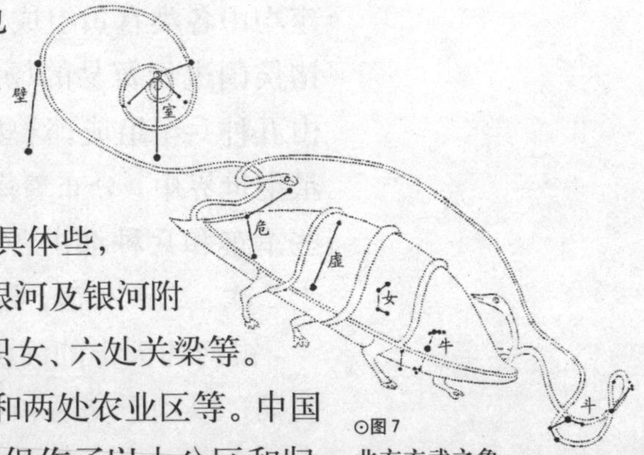

⊙图7
北方玄武之象

⊙图8
明代人想像之中的二十八宿神像
引自《三才图会》

纳之后，结构也就十分清楚了。

2……以皇权统治机构命名的星官系统

中国很多星座的命名，均由皇家政府机构和官员组成，故中国星座称之为星官，意思是天帝的官员。天帝坐镇中央北极，他所居住的皇宫称为紫微垣，也以北极为中心。他处理政事的地方叫太微垣，其各个星座均由各类官员组成。天市垣则是在天帝统率下与各诸侯国进行贸易的场所。天帝也有巩固皇权的军队，由五种兵车组成，这些兵车行驶在阁道、辇道之上。在星空世界中，分布着南方、西北方、北方三大战场，这些军车和兵种都由各种将领统率着。黄道带的四象、十二次、二十八宿，则象征着天帝统率下的四方臣民。

银河为天上的河流，天帝在银河沿岸建立起六座关梁，以利于交通和关防。银河的南段隐没在天渊等大片水域之中，象征着大地浮生于水上的中国古老观念。在这片河道水域之间，有农丈人等种植着大片天田，水域中生长着鱼、鳖、龟等水生动物资源，以供人们采集利用。这是天帝国家的赋税来源。天帝还直接派遣官员和家臣，种植着皇家园苑，以供皇家食用。总之，天上的每一个星座无不在天帝的统率之下，没有一个不是天帝的臣民，没有一颗星不与天帝发生关系。

二、中国星空三垣二十八宿的划分方法

中国星空，概括地说，就是三垣二十八宿。它们划分为三垣和黄道带4个天区；也可以分为三垣和二十八宿共31个天区。三垣，即天极附近的紫微垣，居于北天中央的位置，故称中宫、或紫宫；太微垣在紫宫的东北脚，它下临翼、轸、角、亢4宿，上接北斗七星；天市垣下临房、心、尾、箕，上与织女、七公相接；它与太微垣中间隔着大角和左右摄提。三垣各有左右垣墙为界，界外附近，也有若干相关的附座。紫微垣有39个星座，太微垣有20个星座，天市垣有19个星座，三垣共有76个星座。

二十八宿如刀切西瓜那样，沿着瓜蒂(即两极)将天球切成28块，它不仅包括各宿星座的自身，凡是落在每一块内的星座，都属于这个星宿范围之内的星座，如老人星虽距赤道很远，但仍属井宿的范围之内。当然，凡属三垣范围内的星座，将单独属三垣计算。东方七宿46个星座，北方七宿65星座，西方七宿54个星座，南方七宿42个星座，故全天共283个星座。计1464星。这是中国传统星座星数的总计。

第二节 周日、周年视运动与星空的旋转

观察天空的星星，必须懂得我们生存的地球，存在着公转和自转。每晚星座位置发生的变化，正是这两种运动产生的结果。地球大约每24小时围绕自身的地轴自西向东自转一周，天上的群星，在夜空中便发生

自东向西方向的旋转，这便是天球的周日视运动。天球仪正是依据这一原理演示天球坐标的模型，它与地球仪相类似，用它可以演示天体的视运动。地球的球心作为假想的天球中心，地轴的延长线就是天球的旋转轴。天球在作周日视运动时，天轴跟天球面相交的两个点是固定不动的，这两个固定不动的点称之为北天极和南天极。地球赤道面延长与天球相交的大圆称之为天赤道，它跟地球赤道处在同一平面之上。天球的周日旋转，使得黄昏时中天的星座，到子夜时便落入西方地平线，而黄昏时从东方升起的星座，至黎明时便转到西方。

地球不但有自转，还有绕日公转。公转的一周，称之为一个恒星年。其判断的标准为某一个固定时刻某颗恒星处在某个固定位置，经过太阳在恒星间运行一周以后，又回到这个位置的时间间隔。通常用初昏或子夜某恒星的上中天或偕日出来作为判断的标志。上古时人们常用这种方法来确定季节。

地球的赤道面和它的公转轨道面黄道是不重合的，它们在天球上形成赤道圈和黄道圈两个平面，相交成约23° 的夹角。赤道圈和黄道圈的两个交点称之为春分点和秋分点。太阳在黄道上运动，从春分点回到春分点运行一周所需的时间称之为一个回归年。回归年比恒星年短约20分钟，这是由于地球运动时受太阳、月亮等天体吸引使地轴发生周期性进动所致。这种现象称之为岁差。它使春分点沿黄道每年西移50″.24，岁差同样也造成南北天极位置的移动，这就是为什么古时的极星为天一、帝星，而现今为钩陈一的道理所在。

第三节 四季星空巡礼

从以上介绍可以得知，因地球的绕日公转，且公转平面与赤道斜交，这就导致周年季节星象的变化和季节的交替。

《鹖冠子·环流篇》说："斗柄东指，天下皆春；斗柄南指，天下皆夏；斗柄西指，天下皆秋；斗柄北指，天下皆冬。"这就将北斗斗柄初昏时的指向与季节相联系。东方为春季，南方为夏季，西方为秋季，北方为冬季。又《礼记·月令》记载，东方木主春，南方火主夏，西方金主秋，北方水主冬。这就在中国古代形成了一种传统观念，东方象征春季，南方象征夏季，西方象征秋季，北方象征冬季。

容易引起误会的是，四象中的方位却与季节的对应关系无关。即无论是太阳的季节方位，还是季节昏旦中星，都与四象名称中的东南西北方位无关。经研究，四象名称中方位观念的确定，决定于上古冬至黎明时黄道带星座所处的天球方位。在这个时刻，太阳正位于冬至时的牛宿，处于东方地平线以下，那么，苍龙星座正处于东方，朱雀星座正处于南方，白虎星座正处于西方，

玄武正处于北方隐没不见，由此得到东方苍龙、南方朱雀、西方白虎，北方玄武之名。

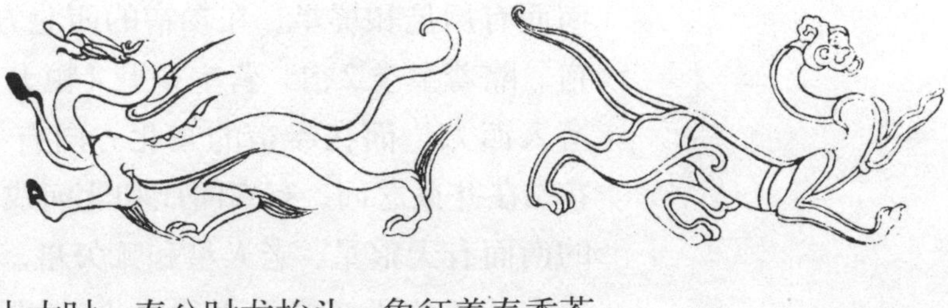

如果一定要加以对应，那么在上古时，春分时龙抬头，象征着春季苍龙星座黎明时从东方升起，秋分时白虎中的第一宿奎宿也在黎明时出现东方，也象征着秋季的白虎星座从东方升起。但南方朱雀与北方玄武的方位正好相反，这是前人早已注意到了的。又由于岁差变化的关系，故不能简

单地用四象的对应关系来判断季节。

本书将以农历每月黄昏时的中天星象来介绍有关星座及其故事，为了方便和严格对应起见，我们以明末顾锡畴《天文图》和清初张汝璧《天官图》中的中星表来安排分配各月中天的星座。这个结果，与北京天文馆印制的天球仪上的季节星象也是一致的。由于我们引用的中星距今只有300余年，从岁差考虑不足5° 或5天左右的差别，是完全可以运用的。必须指出，《三才图会》和泉州《天文节候躔(chán)次全图》中所载中星，与明代实际中星不合，不能作简单的对照。但是，无论顾锡畴的《天文图》还是张汝璧的《天官图》，其星名、星数都十分繁杂不清，使用起来效果不好，而泉州十二月中星图则简明扼要，本书借用其中十二月中气的十二幅中星图作为十二月的中星星象，仅对月份作了调整。这些星图的使用方法是，用左右手握住图的左右两边，面对北方，将图举过头顶向上看，扇面的中心部位面对北极，由此看到图上的星座，正与实际天象相对应。这十二幅星图中的每一幅可对应一个月。有了以上铺垫，我们便可以向读者介绍四季的黄昏星空。

春季的星空（见彩图12）。在农历二月春季的黄昏，参宿和觜宿正位于南方的中天，黄道带差不多正好穿过参宿中部横着的3颗星。在它们的北面有五车星，南面有厕星和屏星。在参宿的西北方向，有胃昴毕3宿。隔着奎娄2宿，营室东壁4颗大正方形的星正待落入西方。而在参宿的东北方向有井宿、鬼宿和柳宿。在井鬼之间，有南河戌和北河戌插入其间。井宿的南面有天狼星、老人星和弧矢星。而七星、张宿和翼宿，正位于东方地平线之上。银河从东南方向升起，穿过天顶五车的方向，向着西北方向流去。

夏季的星空（见彩图13）。这时翼宿和轸宿位于南方中天的天空。其北面为太微垣。西面的张宿正与翼宿相邻。南方七宿位于星空的西方，参宿和井宿即将落入西方地平线以下隐没不见。轩辕星正位于太微垣的西方。这时东方七宿正位于东南方向，角宿正与南中的轸宿相邻，而箕宿则刚从东方地平线升起。箕宿和尾宿以北的天市垣，也正从东方升起。在中天的太微垣和东方的天市垣之间，大角星和左右摄提正位于南中偏东的方向。大角星的东北方向，还有贯索星。这时的银河出现在西方地平以上，是银河在星空中最不显著的季节。

秋季的星空（见彩图14）。这时箕宿和斗宿位于南方的中天，斗宿的旁边即为建星。箕斗的北面就是天市垣。这是观看天市垣最好的季节。在箕斗的西面，有东方苍龙七宿，尾宿与箕宿相邻，而角宿则位于西方地平线之上。贯索和大角、左、右摄提星，正位于天帝垣的西北方向。这时天上的银河正从箕斗的地平线升起，向着天津、织女的方向东北流去。北方七宿正处在东南方向，牛宿、女宿与斗宿相邻，而室宿和壁宿则刚刚从东方地平线升起。银河从南方地平斜向东北流去，织女星位于中天的位置，牛郎星偏于银河的东边。

冬季的星空（见彩图15）。这时室宿和壁宿正位于中天。土司空和天仓、垒壁阵星，位于它们的南方。北方七宿位于星空的西方。虚、危2宿与室宿相接于中天的西面，而斗、建2宿和天市垣都在西方地平线附近。银河从西向东横贯于北方星空，牛郎织女星位在西方银河的两边，天津星则呈现在它们的上方。西方七宿呈现在东方的星空。其奎宿正与壁宿相接于中天的东面，而参宿已出现在东方地平线以上。参宿、毕宿、昴宿的北面，有五车和天大将军诸星。在南面有天园和天苑，与正南方的天仓和土司空相邻。到仲春二月的黄昏，冬季出现在东方星空的参宿诸星，又将升至中天的位置，四季星象又将重复出现。

看到这里，细心的读者可能会提出这样一个疑问：在张明昌《宇宙索奇》和李良《打开星河》中，也都介绍了四季星空，但他们的春季主要星座为北斗、大角、角宿、狮子座；夏季为银河、牛郎、织女、天鹅、天蝎座；秋季为营室、北落师门和大陵星；冬季为昴、毕、觜（zī）、参和五车星。与我们所介绍的四季星象几乎完全不同，这是为什么?我们的回答是：这些说法都没有错，只是取自不同的系统。张明昌和李良所作的介绍，均出自西方古代传统的说法，但如果以之去进行验证，就会发现都要等到夜半子时，才会见到那些对应的星象出现。我们用的是现代昏中星，适宜于黄昏时观测。我这里所介绍的实际天象，与《后汉书·律历志》也有一月之差，这是岁差现象造成的。

亮星最引人注目。上古的中国人对亮星尤其特别关注，与其有关的故事也特别丰富。全天1等以上的亮星共有21颗，其中−1等星2颗，0等星6颗，1等星13颗。除南极附近5颗黄河以北地区不能见到以外，其余都很熟悉。现按星的亮度为序列表于下，以供查阅。本书将在有关章节，对其一一予以介绍。

1等大星表（引自《星体图说》）

序号	星名	星等	注
1	天狼	−1.6	
2	老人	−0.9	以上为−1等星
3	织女	0.1	
4	南门二	0.1	地平下
5	五车二	0.2	
6	大角	0.2	
7	参宿七	0.3	
8	南河三	0.5	以上为0等星
9	水委一	0.6	地平下
10	参宿四	0.5～1.1	
11	河鼓二	0.9	
12	马腹一	0.9	地平下
13	毕宿五	1.1	
14	十字架二	1.1	
15	心宿二	1.2	
16	北河三	1.2	
17	角宿一	1.2	
18	北落师门	1.3	
19	轩辕十四	1.3	
20	天津四	1.3	
21	十字架三	1.5	地平下

第二章

北极附近的星空——紫微垣

第二章

北极附近的星空 — 紫微垣

第一节 岁差和北极星

北极和北极星是两回事。北极和南极是地球自转轴在天球上所指示的方向。中国人生活在地球的北部，在星空中只看到北极而看不到南极。生活在黄河流域的人们，所看到的北极位置，通常在地平以上36°。北极星是距离北极最近且较明亮的恒星。北极只是天球上的一个几何点，没有实际天象可以显示。因北极附近的星星，当天球旋转时很难用肉眼发现其有移动，故就被人们看作北极星了。

在同一个时代，北极星只有一颗，选用距北极最近的恒星充任。其余所有的天体，随着天球的旋转，都围绕北极星旋转。所谓北辰，众星拱之，说的就是这个道理。正如以上所述，由于岁差的原因，北极在恒星间的位置只是在一个短时间内保持不动，它大约26000年绕黄极移动一周。故每一个极星，最多也就只能使用1000年。通常原本选作北极星的星，差距北极超出2°以上，就将更换新的极星了。

黄极介于现今的北极星钩陈一(小熊座α)与织女星之间。赤极随着岁差的移动轨迹，是可以推算出来的。在中国古代的历史文献记载中，北斗就曾作过北极星，故称之为北辰。但这个北辰与其它北极星的性质有些不同，是北极附近最为明亮显著的星座。北辰既是北极，又可以用以指示季节。这就是辰的含义。有史可查的曾经作过北极星的还有左右枢星，天一、太乙、帝星、天枢和宋以后的极星钩陈一等。

据计算，公元前5000至前1000年左右时，北极在北斗北面不远处缓慢移动，虽然距离北斗中的任何一颗星相距都不小于3°，但由于北斗星是当时北极附近惟一明亮且显著的星座，在天文学尚处于萌芽状态下，作为北极的标志也切实可行。进一步的观察发现，公元前四、五千年时北极距紫微垣的左枢相近，公元前3000年时北极正好从右枢通过。故古人将它们均称之为左右枢。“枢”指可以旋转的枢轴。这个名称，正是先民将它们作过天极的象征。

北极再往前移动，据前人计算，约公元前2600年

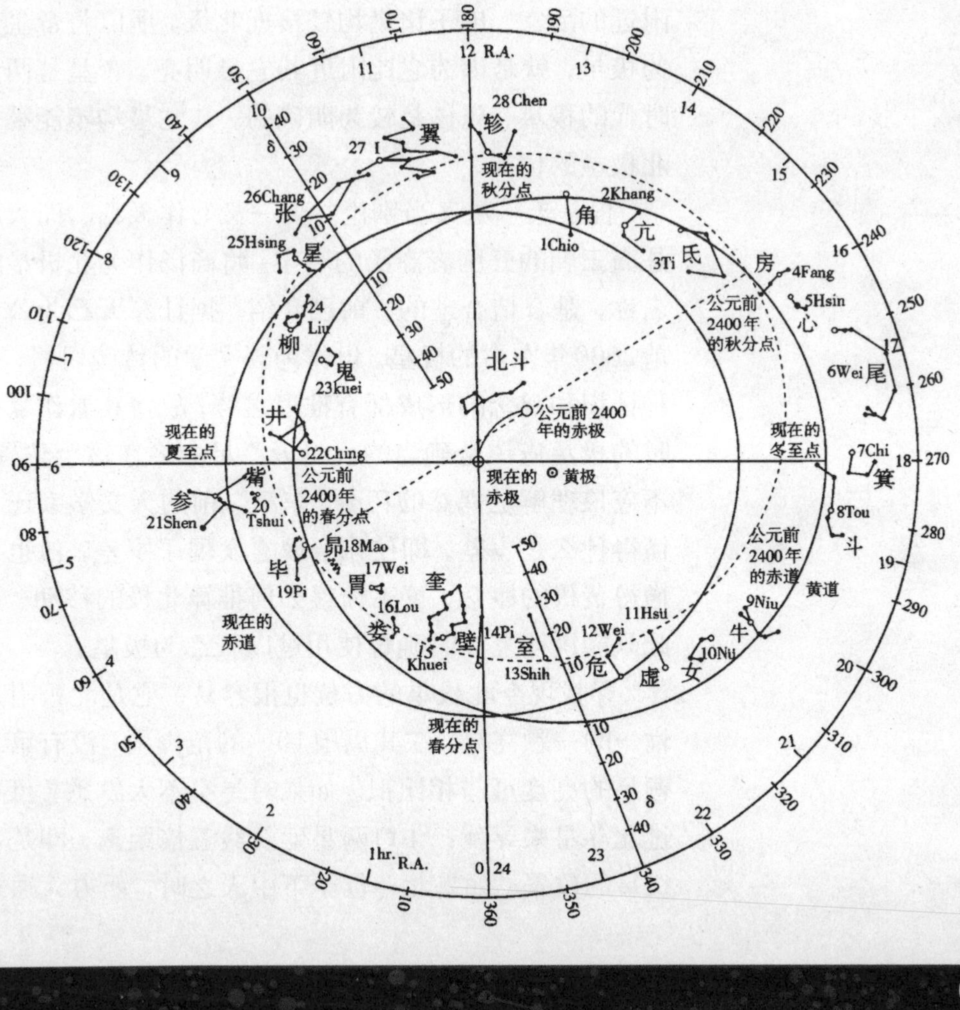

⊙图9
古今极星变迁示意图
根据中国文献记载，公元前5000年前后的北极在北斗斗柄附近，后换成纽星，现今为小熊座α星（钩陈一）。1万年以后，织女星将成为极星

时，北极距天乙星最近；前2200年时北极移至太一星附近。前1000年时，北极距帝星较近。两汉时代，天枢星（即纽星）成为北极星；自此以后，北极星渐渐离开了北极的位置。公元5世纪时，祖暅曾作过精细观测，发现当时的北极星即纽星距离北极已有1度多。11世纪时，沈括也专门对北极的位置作过观测，发现纽星离开北极已有3度有余（我国古代将圆周分成$365\frac{1}{4}$度，为与现代分圆周为360°的制度相区别，本书说到中国古度数值时用“度”，而说到现代制度数值时用“°”标记。以下不再说明），所以在两宋时代的北极附近实际是没有极星的，元明以后直至今天，钩陈一才成为新的北极星。到公元2100年时，钩陈一，即小熊座α星，距北极不足半度，以后这颗极星又将离开北极，将更换新的极星(见图9)。

公元前1000年左右，帝星接近北极的范围。它与附近的后宫、庶子诸星均较接近北级。所以将帝星作为极星，就是因为它比附近其它星明亮。帝星是两周时代的极星，应该是较为明确的。其它星均不能替代北极星的位置。

但是天一星又当别论。天一又写作天乙。而天乙是商王朝的开国者商汤的名字。将商汤作为北极星的名称，是合情合理的。前已介绍，据计算天乙为公元前2600年左右的极星。但作为天文学的传统习惯，一种认识和观念的形成都有推迟之势，故将其看作夏商时的极星应该是确当的。将天乙星命名在这个位置，不应该理解是偶然的巧合。东汉以前的天文学家还不懂得什么是岁差。即使东晋虞喜发现了岁差，他也不懂得黄极的概念，更不懂得如何推算北极的移动。在此只能说明夏商时确曾使用过以天乙为极星。

寻找现今北极星的方位也很容易，它是北极附近惟一的一颗亮星，在其周围10°的范围内，没有第二颗星的亮度可与相比拟。如果对星空不太熟悉，可通过北斗星来寻找：斗口两星延长线五倍距离，即是北极星的位置。如果北斗位于下中天之时，西方人通过仙后座的朝向来寻找，而按中国人的传统习惯，可通过奎宿最北的奎宿七(鞋尖上的星)与王良四(王良中的亮星)连线的延长线来寻找。

第二节 两头开口的左右垣墙

紫微垣位于北天的中央，故《天官书》称之为中宫，它以北极为中心，以拱极星为基础，包括北纬50°以北范围内的天区。在这个范围内，最显著的标志是左右垣墙。它象征着皇宫的宫墙。这个宫墙，也都由恒星组成，左面8颗，右面7颗，用一条想象中的线条将它们连接在一起。垣墙正面开口处为南门，又叫阊阖门，正对着北斗星的斗柄和大角星的方向。其背面北门，则正对着奎宿的方向。北斗星为天帝乘坐的马车，它昼夜不停地守候在紫宫门外，为天帝出行准备着。帝车的下方即是太微垣，为天子与大臣们处理政务的天廷。王良则驾着马车，守候在北门之外。出北门，有一条长长的阁道，穿过银河直通营室。营室，即天子别宫，称为离宫，又叫清庙。为天帝在正宫以外临时休息养性的地方。

中国星空中的星官名，所反映的主要是西汉以前的官制。其紫微垣的主要官名，出自周代。后世的官制和官名，有一定的继承性，但其性质也有很大的改变。右垣即西墙，从北向南分别为少丞、少卫、上卫、少辅、上辅、少尉、右枢。左垣即东墙，自北向南分别为上丞、少卫、上卫、少弼、上弼、少宰、上宰、左枢。丞即丞相或相国，是百官中的最高长官，他负责总理全国政务。左右枢即左右枢密，为国家内阁的阁员之一，他参与国家最高机密的制订，或负责某一个部门的政务。在周代，宰相为掌握王家内外事务、总理王家家务的家臣。当时辅与弼是连称的，可见周时辅与弼在职司的分工上几乎没有多少差别，均为总理王家家政的官员之一。卫即侍卫。为帝王的侍从和保卫官，是负责帝王具

⊙图10

紫微垣星图

引自明顾锡畴《天文图》。紫微垣为天帝的居所，后宫中的人员配备，管理机构和生活用品一应具全

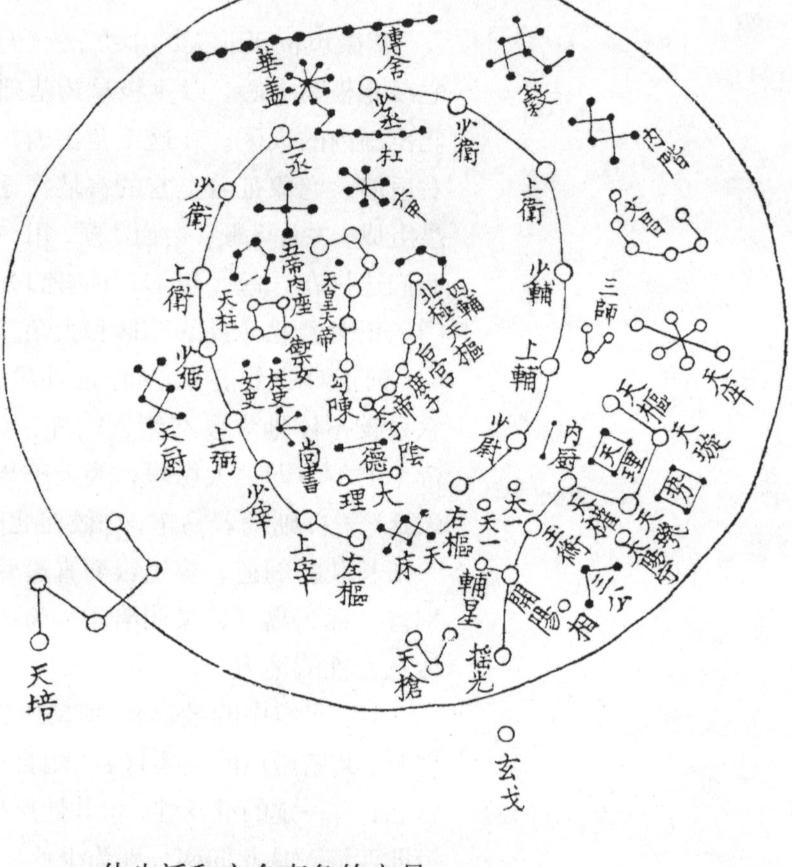

体生活和安全事务的官员。

少尉即少廷尉。古时的官职有正副之分，上与少即为正副之分。故紫微垣有上丞、少丞、上卫、少卫、上辅、少辅、上弼、少弼、上宰、少宰之别。廷尉为国家掌刑狱的官，也称大理，为司法官，是周代九卿之一。秦汉时代，通常以太常、郎中令(光禄勋)、卫尉、太仆、廷尉、大鸿胪、宗正、大司农、少府为九卿，九卿为中央各部行政机关的总称。

从以上介绍可以看出，紫微垣的垣墙，是由丞相率领负责保卫禁宫安全的侍官和卫官及负责王家家政

内外事务的宰相和辅弼组成的。并外加一名少尉参加。他是由国家派驻专门负责禁宫刑狱的司法官。

第三节 紫微垣内天帝的家属和家臣

建立紫微垣墙，是为了保卫天帝安全的措施，故垣墙内的天帝及其家属才是紫微垣的主体。天帝即人们所常说的玉皇大帝（见图11）。

⊙图11
明代人想像的玉皇大帝神像

紫微垣墙内的主要星座有两列，其一是天枢星，即是汉唐时所用的极星，又称之为纽星。在组星的西面，有四颗呈斗形的星将纽星环抱，故有四辅抱极之说。在纽星往南，有一串小星，第一颗为后宫，即《天官书》开篇所述，“后句四星，末大星正妃，余三星后宫之属”。这个正妃，就是牛郎织女神话故事中所说的王母娘娘。天帝发现织女私自下凡，大为震怒，派她到民间将织女带回天廷。后宫再往南以次为庶子、帝星和太子。帝星即周代所用的极星，汉以后由纽星代替。帝星两旁的太子、庶子，便是天帝的两个儿子。

第二列是钩陈六星。其中钩陈一便是近现代所使用的极星。它也是这两列星中最显著、较为明亮的星。被钩陈中呈钩状的四颗星所包围的一颗小星，称为天皇大帝。这是一个极为显要的星名，按推理来说，应该是历史上的一颗极星。但就其位置而言，它又不该早于钩陈一作为极星。笔者认为，它可能就是指纽星，是后世某些整理星名的天文学家将它的方位弄反了。

在钩陈的东面，临近东垣墙之内，有御女四星。御女是供天帝役使的妇女。在中国古代禁宫中役使的妇女人数众多，但没有定数。高贵者可以成为帝皇的嫔妃，其他人就是在宫中服劳役的普通妇女。在御女星的下面为柱史，负责每天记载紫宫中发生的日常大事。柱史一名，系史官将每旬要办的国家大事挂在宫中柱上而得名。柱史的东边有女史星一颗，负责紫宫中漏刻记时之事。

在卸女的北面，有五帝内座五星。它实际并不是为五个古帝设立的神位，而是依据周人明堂所规定的法则，为天帝本人按四季中的不同季节在不同方位上设立的座位。春季位在东方，夏季位在南方，季夏位在中央，秋季位在西方，冬季位在北方。天无二日，地无二主。在紫宫中不可能有了天帝，又有其它五帝。这里的五帝内座和太微垣中的五帝座的含义都是如此。

此外，供紫宫中使用的生活用品也都用星座的名称表示出来，有些设备和用品甚至置于宫墙之外。例如，在左右垣墙外有天厨和内厨二个厨房，还有供炊事用的八谷星。天床位于阊门口，是供天帝及其家属休息用的。当然那只是示意性质，床不可能真的放在大门口。

在北斗星斗口的上方，有三师星3颗，在北斗星的下方，又有三公星3颗。实际上，三公和三师是一回事，有时称三公，有时称三师，为太师、太傅、太保的合称，他们是共同负责国家军政的最高长官。有急事和高度机密的大事，三公有权进入紫宫向天子面奏或协商。故将三公设在紫微垣外。在三公星东有相星1颗，三公西有太阳守1颗，相与太阳守均为天子辅臣，故均列于垣墙之外。在左枢垣墙之内，还有尚书和大理星。尚书和大理虽为天子的重要大臣，但并没有明确的理由将尚书、大理置于紫宫内，而将三公和相星置于紫宫外，出现这种情况，可能是后世天文学家补充星名时考虑不周所致。

在北纬60°左右，还有4个著名的星座北斗星、文昌星、王良星和造父星，由于它们都有生动的神话故事为依托，将留待以下专门向大家介绍。

第四节 北斗星的传说

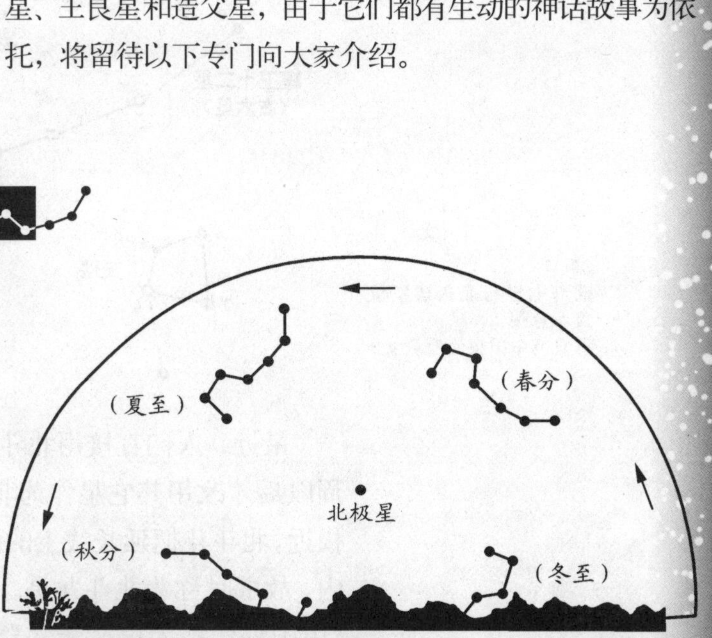

⊙图12
看北斗知时节
北斗星的斗口永远向着北极星，斗柄成四季不同的指向北斗星是现今北纬60° 以北、拱极圈范围内最为明亮的星座。共有7颗星组成，除天权星为3等星外，其余都是2等星。上图为按《鶡冠子》所载斗柄指向四方定季节的示意图。虽然由于岁差的原因，经过约2000余年之后斗柄指向已发生了一些变化，但指示四季的标志仍大致成立。公元前5000至前1000年，北极距北斗星

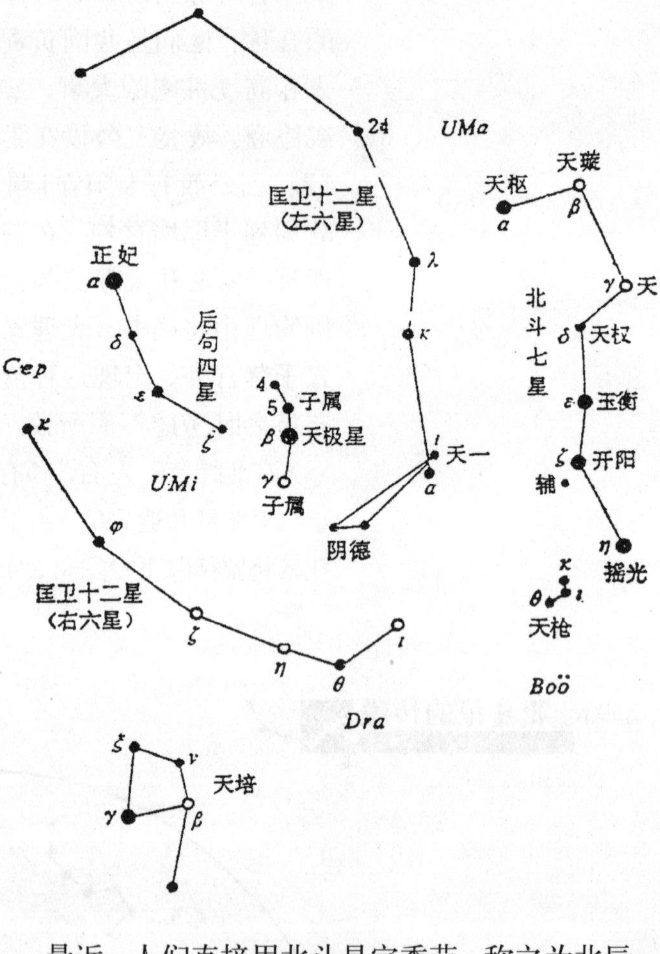

⊙图13

北斗七星与北极诸星位置示意图

引自《中国恒星观测史》

最近，人们直接用北斗星定季节，称之为北辰。殷周以后才改用其它星作为北极星。由于那时北斗距北极近，北斗斗柄延长线上的两颗星也在北极圈的范围之内，故那时称为北斗九星。关于这个问题，早在李约瑟《中国科学技术史》天文卷中就有阐述。

图13引自潘鼐《中国恒星观测史》，该图据《史记·天官书》的说法画成，与后世画法有些差别。北斗七星的名称为天枢、天璇、天玑、天权、玉衡、开阳、摇光。前四星呈方斗形容器，可以盛物，合称为魁。第五至第七星，合称为杓(biāo)，俗称瓢。若加上杓前两星招摇和天锋，便合称北斗九星。事实上，《淮南子·时则训》所用斗柄十二月指向的星不是开阳或摇光，而是招摇。用招摇定斗柄的方向，这是北斗不仅仅为七星的明证。

在中国古代，关于北斗的神话故事特别丰富，这些是人们对于北斗星神崇拜的结果，现仅就北斗为猪象和斗为帝车两种神话加以阐释。

一、僧一行掩猪救王姥姥之子

据《明皇杂录》记载：一行幼年的时候，家里很穷，他的邻居王姥姥心肠很好，前后救济他约数十万元。一行经常想要报答她。唐玄宗开元年间(713～741)，一行受到玄宗的敬遇，玄宗对他言听计从。后来王姥姥的儿子犯了杀人之罪，被捕在狱中，尚未判决。王姥姥向一行求救。一行很为难地说："姥姥要金帛，我当十倍相酬。但犯了国家的王法，是难以用私情来了却的，我实在想不出好的办法来。"王姥姥听后生气地骂道："我认识你这个和尚又有什么益处呢？亏我当年还那么帮你！"一行求她宽恕，可姥姥头也不回气乎乎地走了。

⊙图14
一行画像
根据唐代画家李真原作的摹本，现收藏在日本京都神护寺

一行感到十分愧疚，不断地想着既不违法又可解救姥姥儿子的方法，终于想出了一条妙计。当时在浑天寺里，作劳务的工人有数百人之多，一行就让他们腾出一间房子，搬进一只大瓮，置于房间的中央。又秘密地找来两个工人，给他们一个布袋，对他们说："你们在某个作坊的废园子里潜伏着，从下午至黄昏时，如

果看到有东西进来，就一齐将它们捉住，一共7个，一个也不能让其逃脱。如果逃掉一个，将少不了一顿鞭打”。两个工人按照他的嘱咐去办，到酉时，果然见到一群猪来了，二人便全部将其捕捉而归。一行大喜，命他们将猪放入瓮中，用木板盖好，并用六一泥（神泥）封好瓮口，在上面用朱笔写了数十个一般人看不明白的梵文字。

第二天早晨，宫中派来的差人敲开了一行的门，将其召到便殿。玄宗迎住便焦急地问道：“太史官来奏，昨夜星空中不见了北斗七星，这是什么征兆？大师有什么办法解救吗？”一行说：“后魏的时候，曾经发生过荧惑星不见的事情，但现今发生帝车不见之事，则是自古至今都未出现过的。俗话说，匹夫匹妇之星不在其位，将发生殒霜赤旱之事，现在帝车不见，就是大警于陛下了。但是，陛下的盛德终究是能够感动星辰的，我们佛门是主张宽恕一切人的，依臣下的意见，不如大赦天下。”玄宗听从了一行的劝告，宣布大赦天下，于是王姥姥的儿子得救了。第二天傍晚，太史官奏说北斗中的第一颗星出现了，至第七天时便全部呈现于天际。

这则故事是说，一行处于报恩救人与枉法的两难境地，终于想出了利用天象示警，通过国家颁布大赦而达到两全的目的。利用天象示警的前题是北斗星为猪神。一行派浑天寺工人所捉之猪为北斗星的精灵。历史上一行是否真的做过捉猪救王姥姥之子的事情暂且不说，但在此“北斗为猪神”的观念则被明确地提了出来。真的有北斗为猪神的说法么？查阅中国古代天文星占文献，几乎找不到北斗为猪神的任何依据。但《明皇杂录》关于一行掩猪救王姥姥之子的故事又不可能空穴来风，近年来的研究终于有了新的进展，陆思贤在《天文考古通论》和冯时在《天文考古学》中，均指出在中国新石器时代的三大遗址，即辽宁红山文化遗址、山东大汶口文化遗址和浙江河姆渡文化遗址中，曾普遍地出现有猪图腾崇拜和北斗星神崇拜的现象，在各种简单的墓葬遗物中，大多包含有猪头和猪骨。另外还有一些刻绘有猪形象的器物和礼器。这些猪象遗物，大多与四季星象或北斗星象有关。出土于河姆渡遗址第四文化层中长方形陶钵，碳十四测年结果为公元前5000～前4500年间，陶钵呈斗魁形状，外壁两侧各刻一猪(见彩图3)。这当然是河姆度文化先民十分重视驯养猪的事实，但其猪身上明显地刻有一圆形的星象，则反映出它与季节星象的关系，只能把它看作当年极星的标志。如果说河姆渡陶钵猪体所反映的星象还不够具体，那么，良渚文化遗址出土的玉璧猪象（见彩图4）就更清础了。在猪身上明显地刻有呈斗形的四颗星，便是猪应合斗魁四星的象征。

更为奇特的是安徽省含山县凌家滩出土的新石器文化的猪象玉雕。玉雕的整体所要表现的是一只鹰，鹰的头尾和两翅都很形象，鹰的胸部画有一整规的八角形。其表现四时八节的标志十分明显。其更为奇特之处在于鹰的两只翅膀，若对翅尖细加琢磨，又各自成一颗猪头，两个猪头的身子连为一体。其所反映的斗建授时的观念也就清楚了。而鹰形象本身所要表现的是淮夷鸟图腾的族徽，猪象与八角形相配，让我们看到了新石器时代人们以猪、北斗、北极三位一体的实物证据。

有了这些认识之后，我们再来分析一下上古文献的记载也就有意思了。《山海经》中 所说“豕身人首”、“豕身人面”，正是远古人们对猪图腾的形象写照。而《山海经》所说“司彘（zhì)之国”，正表明这些地区的先民普遍存在的祭祀猪的习俗，这个习俗正好与当时盛行的以猪头、猪骨作为陪葬品相印证。

⊙图15
《山海经·中山经》彘身人首神像

《春秋纬说题辞》曰：“斗星散时，散精为彘。四月生，应天理。”译成现代汉语为：北斗星的斗柄指向可以确定四时，它的散精则成为猪。猪怀胎四月而生，又象征着天理星。天理星为斗魁中的四颗小星，这句话的含义实际是说，斗魁就是猪象。良渚文化玉璧所刻猪象身上画有四颗方形星象，就是确凿的证据。

二、斗为帝车的故事

《史记·天官书》是记载斗为帝车及其功用的最有代表性的文献，它说："斗为帝车，运于中央，临制四乡。分阴阳，建四时，均五行，移节度，定诸纪，皆系于斗。"它的意思是说，北斗星象是天帝坐着的马车，天帝坐在马车上一刻不停地巡行四方，巡行一周就是一年，并由此区分出一年中的阴阳两个半年，分判出四季和五个时节，节气和太阳的行度也由此可以确定。利用这个北斗帝车的运行，也可以定出历法中如日月五星运行的周期和推算方法。所有这些，都出于北斗帝车昼夜运行的功劳。利用斗为帝车周年位置变化的观念，可以定出一年十二个月序，利用昼夜旋转的观念，可以区分一天十二个时辰。

山东嘉祥县东汉武梁祠石刻，载有一幅著名的"斗为帝车"图。它形象地用七个黑点，连接成北斗图象，魁底座落在下方。有一帝王形象的人端坐在斗魁之中，在其前后，都有一些臣民在向其朝拜。在斗星的上方，有龙凤虎等动物形象相伴，显系四象的象征。但未见有玄武的形象，也许是刻漏了。在这些图象的周围，有祥云和吉祥鸟为伴。在开阳星旁，画有一颗辅星，在辅星的旁边，又画有一个长着翅膀作飞翔状的仙人在活动。《荆州占》曰："辅星，丞相之象也。"《春秋纬》曰："辅星近、明，则辅臣亲、厚；疏、小，则辅臣微弱、无道。"在北斗星的前方，还刻画出一辆形象逼真的马车，车轮、车轩、车盖清晰可见。主人端坐在车中，并由马拉着车。武梁祠斗为帝车石刻造象，将古人对斗为帝车、巡行四乡的想象形象地表现了出来。

这就是说，北斗七星的含义，是星空中的一个车辆。它的形状由车架组成。组成斗口的4颗星合称为魁，为车身；斗杓即斗柄 3 颗星为辕，即套马的部分。中国古代的马车是有分工的，这个北斗所象征的车子，既不是重车，也不是轻车，它是专供帝王乘坐的帝王之车。故它所在的位置在北极紫宫附近，更为显要。

按照《天官书》的说法，天帝乘坐的这辆车子，是用于“运于中央，临制四乡”的，即它不但在中央运行，统制着全国各个机构，而且要巡行于四乡，贯彻其制度和政策。当斗柄指向东方时，就象征着天帝巡行到东方，夏、秋、冬指向南方、西方和北方，也就是象征天帝巡行到南方、西方和北方，由此完成四季的循环。

⊙图 16

汉武梁祠画象石斗为帝车图

天帝坐在北斗组成的帝车中，由祥云托着，正接受诸大臣的朝拜，周围有四象围绕，右面的马车为“斗为帝车”的象征

第五节　王良造父的故事

一、王良、造父、阁道等拱极星的位置和形势

上古时作战以战车为主。因此历代帝王对战车都十分重视。正是这个原因，中国星座中与车马道有关的星座很多，本节仅介绍北极附近直接与天帝有关的星座，即王良星、策星、造父星、奚仲星、阁道星、附路星、辇道星，及与此有关的奚仲、造父、王良的历史故事。其余与车马道有关的星座，将放到各相应天

区中介绍。

古代帝王外出，必须乘坐马车，天帝是帝王的化身，故天帝出巡也需乘坐马车。为天帝拉车的马，应该是最精良的，为天帝驾车的驭手，也应该是最优秀的。正是出于这一思路，构成了中国的星空世界车马及道路的图景。上节已经介绍了帝王之车北斗星，但尚未涉及驾车之人。北斗星这辆帝车停留在紫宫的南门之外，其余车辆则等候在北门。

在紫微垣北门外，有一条长长的阁道六星，一直往南，穿过流经北极附近的银河，向着奎宿方向前行。其西边即是天帝的离宫营室，左边出军南门即是北方战场。与阁道平行的，还有一条辅路，作为当阁道上出现特殊情况时使用。王良星座就靠近阁道的旁边。想当年，王良正是通过这条阁道，驾着驷马驶向全国各地。王良星座有5颗星组成。其中最亮的一颗星为王良，其余4星为驾着车子的4匹良马(见彩图11)。

在王良星相同纬度上往西看去，首先遇到的便是造父五星。造父星的南面是车府七星。再往西去便是奚仲四星。奚仲星的南面为辇道五星。这些分布在同一天区与车马有关的星座，构成了星空中的车马世界。造父是与王良齐名的驭手。奚仲则是车的发明者，是夏代的第一位车正。正是由于他们在历史上的贡献，才使他们在星空中成为星座之神。辇道即帝后乘车的车道，帝后嫔妃们正是乘坐着造父驾驶的马车，经常来往于紫宫和营室之间。车府为储存、修理和管理车辆的场所。在阁道旁边还有传舍九星，传舍为驿道上旅行中途休息的地方。织女星临近于辇道旁边，看来织女正是通过辇道私自下凡与牛郎相会的。而紧临车府的东边，还有天厩三星，厩为养马的地方。由此可见，围绕在紫微垣附近，组成了一个车马道完整的系统(见彩图11)。

如果说北斗星为春夏夜，黄昏北极上空最为显赫明亮的星座，那么，秋冬夜黄昏北极上空的王良星座，也可以与之相比拟。王良为西方星座仙后座W星的主星。不过，西方的仙后座W星，在中国星座中却分为王良、策和阁道3个星座。仙后座左面的两颗亮星为王良一和王良四，均为2等星，其余3颗为策星、阁道二和阁道三，均为3等星。借助于王良星和奎宿连线，也是寻找北极星的重要标志。

二、造父的传说

据《史记·秦本记》和《赵世家》记载，秦和赵同宗，皆为嬴姓，是帝颛顼的后裔。因为帝舜牧马有功而赐姓嬴。以后世代善养马、御马。商代帝大戊之时，其祖中衍为大戊御马而受到赏识，以后世代有功于殷商。商纣王时，其祖恶来、季胜二兄弟共事纣王，周灭纣时恶来被杀，其子孙移居西垂犬丘牧马。周孝王时受到荐举而为周养马，被封在秦土，以后强大起来而建立秦国。

季胜之子孟增在周代为官，受到成王的宠幸。孟增之孙造父幸于周穆王。造父曾驯养出4匹千里马，名曰乘匹、盗骊(lí)、骅騮(huá líu)、绿耳，献给周穆王，于是，穆王用造父驾车，巡游四方。当巡行到西方之时，会见西王母，饮于瑶池之上，作歌唱贺，乐而忘返。东方徐国的偃王乘机作乱造反，煽动东夷民族对周人的敌视情绪，很多地区跟着起事。穆王得知后，知道这是十万火急的军情，必须将其扑灭于初起的阶段。于是由造父驾车，乘着驷马，日行千里，赶到出事地点，领兵攻打徐偃王，平息了叛乱。穆王之所以能够及时平息叛乱，没有酿成大祸，正与造父能驾车日行千里及时赶到现场有关。造父因平叛有功而被赐于赵城，赵城在山西洪洞县。便是这支赵氏家族和赵国兴起的根由。

自此以后，造父的子孙便成为赵地的贵族。造父的第六代孙奄父，在周宣王讨伐戎人入侵时也为宣王驾车。千亩之战，宣王被困，也是由于奄父驾车有功而得以逃脱。周幽王荒淫无道，政治黑暗，赵氏后裔便离开周都，投奔晋国，在晋国又日渐发达起来，终于建立起强大的赵国，成为战国七雄之一。以造父作为星名，正是为了纪念他驯马有功，把他看作识马、养马、驯马、驾车之神而予以祭祀。

三、王良的故事

据《淮南子·览冥训》和《史记·赵世家》等记载，王良是春秋时代为赵襄子驾车的优秀驭手。春秋末年，晋室衰微，四公卿把持朝政。四公卿所占有的土地比晋侯的土地还要多，根本不把晋侯放在眼里。晋出公末年(前452年)，四公卿没有奏报晋侯就瓜分了范、中行的领地，晋侯讨伐四卿，反被四卿打败。四卿之首知伯立骄为晋懿公。知伯更为骄横，向韩魏赵三卿索要土地。韩魏在知伯威逼之下不得不给，但赵襄子却抵制了知伯贪婪的要求。知伯便协迫韩魏共同出兵攻打襄子。襄子由王良驾着驷马车，飞速地逃过了知伯的追捕，终于得到机会向韩魏申明利害，联合韩魏讨灭了知伯。襄子所以能逃脱知伯的追捕，保全了赵国，取得反攻的机会，王良驾车之功不可埋没。故王良成为天上驭马的星神。

为什么王良造父能驯养出千里马，驾车能日行千里而他人不能呢?《淮南子·览冥训》总结说：从前，王良造父驾驭车马，上车拉着缰绳，马儿步伐整齐而全身和谐，举足自然，快慢均匀，劳逸一样，心平气和，身体轻松，行动迅速，安于辛劳，乐于前进，奔驰起来瞬息即逝，或左或右，就象被鞭子驱赶一样，拐弯后退，就象圆环运转一样整齐熟练，世人都认为他们技艺高超，但是，世人却没有看到真正值得珍视的驭术——这是借着弗用而成就了它的用，把嗜欲之形藏在胸中，因而精神就能够协调诸马，这用道术来驾驭的方法，才是驾术的最高境界。

第六节 文昌帝君和魁星

由于文昌星和魁星都是主宰功名利禄的星，均为文人所崇祀，在位置上又紧密相连，所以这里将它们合并在一起介绍。

一、文昌帝君的故事

在有些紫微垣星图中，不载文昌宫星，但在北京隆福寺星图中，文昌星却清晰显要。《石氏星经》曰："文昌六星，如半月形，在北斗魁前"。《天官书》也说："斗魁戴筐六星，曰文昌宫"。均说明文昌有6颗星，在北斗斗魁的前方(见彩图11)。文昌宫星的形状，如半月形，有天牢6颗暗星，介于文昌与斗魁之间。文昌星大致于二月春分的黄昏时上中天，秋分黎明时下中天。故人们通常于春秋两季予以祭祀。

1……文昌星名的含义

《黄帝占》曰："文昌，六府之宫，在斗魁前。经纬天下文德之宫"。什么是六府呢?《祀记 · 曲礼》曰："天下之六府，曰司土、司木、司水、司草、司器、司货，典司六职。"这是殷代中央政府六个管理部门的名称，大致相当于现今的国土资源部、林业部、水利部、农业部、轻工业部、矿业部。周人沿用，但已有所变化。

《天官书》曰："文昌宫，一曰上将，二曰次将，三曰贵相，四曰司命，五曰司中，六曰司禄。"陈卓解释说："文昌，一星上将，大将军也；二曰次将，尚书也；三曰贵相，太常也；四曰司中，司隶也；五曰司怪，太史也；六曰大理，廷尉也。"即文昌六星包括将、尚书、太史、廷尉、司空，实即包括了朝中所有文武大臣。

所谓"经纬天下文德"，文德即文教，是指礼、乐、法度和文章的教化；经纬即管理。它是与远古的武治相对应的。武治者，以武力和强权实施统治也。在武力和强权的统治下，不用讲什么道理和是非。而现在提倡以文德治天下，帝王对广大民众实施统治，要讲求文明法度，要以法律来治国，是与非有一定的标准。对统治下的臣民，也要实施教化，大家都来遵守这个统一的法度。文明与质朴的含义是相对的。故《春秋纬元命苞》曰：“文者，精所聚；昌者，揚天纪。辅弼并举，成天象。”国家需要有文化、有才能的人出来治理，由此便衍生出文昌主司禄位、主宰功名的含义来。文昌星成为掌管文人功名禄位之神。故文昌之含义，具有文明昌盛之义。

⊙图17
梓潼帝君神像

2……梓潼的来历和文昌帝君的故事

相传在晋朝时，现今四川省梓潼县北七曲山附近，有一个名叫张亚子的人，在朝为官，不仅有文才，而且品德高尚，尤其孝敬父母。一次领兵与敌作战，机智勇敢，后终因寡不敌众而壮烈牺牲。士人因佩服他英勇善战、忠君爱国、孝敬父母和不为敌人利诱的高尚情操，为他立庙予以祭祀和表彰。

又据记载，东晋宁康二年(374)，四川人张育，为了反抗前秦符坚的统治，曾组织部分四川人民起义，自立为蜀王，后也因寡不敌众而英勇牺牲。人们为了纪念他，在梓潼郡七曲山建立张育祠，尊之为雷泽龙神。祠与张亚子庙相距不远，后人将这两处神祠合称张亚子祠，或称为梓潼神祠。

梓潼神原本为梓潼的地方神，自从唐玄宗为避安史之乱逃往四川之后，为了鼓励士人忠君爱国，帮助唐朝军队平息叛乱，便假托梓潼神曾于万里桥迎接玄宗入蜀，故玄宗封其为左丞相。后来黄巢农民起义占领长安，唐僖宗也避乱入蜀，又加封梓潼神为济顺王。由于唐朝皇帝的大力推荐使得梓潼神的地位陡长，从一个地方神跃升为全国性的大神。

到唐朝末年，梓潼神被封为济顺王时，我们还看不出梓潼神与文昌星有什么联系。不知从什么时候开始，二者便发生了联系，逐渐合二为一。从古代文献来看，至迟在宋代时，这种观念便已流行。南宋著名诗人陆游在他的《老学庵笔记》一书中记载了一个故事，有一个姓李的读书人，在小时候曾向梓潼神求梦。当夜，果然梦见自己到了成都天宁观，有一位道士向他指着织女的支机石说，以此为名，必得中举。于是，这个人便改名为李知几，结果，当年就考中了举人。陆游曾在四川做过官，对四川的文化掌故比较了解，从这则故事就可看出，人们已认为梓潼神能保佑人们获取功名。

⊙图 18
文曲星比干像
《儒林外史》称中举的文人都是“天上的文曲星”。《封神演义》载姜子牙封被商纣王剖心屈死的比干为文曲星神

有一个南宋道士假托受到文昌帝君的启示，写了一本《文昌帝君阴骘(zhì)文》的书，讲述文昌帝君如何保佑行善积德的人，劝人为善。从这本书来看，社会上已开始将梓潼神与文曲星相联系，道教已将文昌星称之为文昌帝君神。至元代仁宗皇帝时，才正式加封张亚子这位梓潼神为“辅元开化文昌司禄宏仁帝君”，简称为文昌帝君。将其钦定为忠国、孝家、益民、正直之大神。正是在帝王的大力推崇下，梓潼神才成为全国各地文人广泛信仰供奉之神。各地的文昌宫、文昌阁、魁星楼、魁星阁等也都相继普遍地建立起来(见彩图1)，也有用作路名和县名的。而梓潼县的这座文昌宫，则成为文昌宫的主庙。

关于梓潼县的文昌宫，还有着一个有趣的历史故事。相传明末张献忠起义军攻入四川，张献忠见到文昌宫内供奉的一尊最大的神象称为张亚子，旁边还有八尊较小的陪侍神象。于是便对张亚子塑象说：“你姓张，咱家也姓张，咱家与你联了宗吧！”让人塑了一尊自己的坐象供在庙内，并将这座主庙改名为太庙。张献忠兵败之后，张献忠塑象被毁，又重新恢复了文昌宫的名称。

3……文人对文昌帝君的祭祀和期盼

中国古代官僚阶层的产生，在两汉魏晋南北朝时代，采用的是门阀等级制度，在地主阶级内部分为九品，显贵之家称为高门，卑庶之家称为寒门。选举官员，大都为显贵豪门所把持。高门优选，寒门多受到排斥。但在推荐之后，仍要进行一定的考核才能录用。考核的标准为地主阶级中的德才兼备。才，包括才能和文化知识。故古代高明的政治家和思想家，都主张以德和文治国，从而文昌星便成为国家文化昌盛的象征。故《黄帝占》曰：文昌宫，“星明大齐同，则王者致太平；星不明，道术隐藏；王者求贤，则星明”。无论是文昌星还是魁星，由于其中的每一颗星都代表一种类型的官，星明大齐同，象征官员强大贤明，其中只要有一颗星暗弱不明，就象征着该职司系统官员腐败无能。文昌是与贤能当政相对应的。有文化才能的人出来做官当政，文昌星就润泽光明，“万民安，六府治”。

隋唐以后，国家采取科举取士的办法，它对于旧的门阀制度来说，在地主阶级内部讲求以文章求士，有一定的公正和进步意义。引导地主阶级知识分子以读书求取功名。那么，参加科举考试，便是文人取得功名的唯一出路。而文昌星简称文星，据星占家的意见，它是主宰功名禄位之神，上引《天官书》所说文昌宫司禄，就是这意思。这就是说，文昌神或文昌帝君，是文人的命运之神，即所谓“职司文武爵禄科举之本”。每一个人的功名禄位，都掌握在他的手中，故谱天之下的知识分子，要想求取功名，就一定要拜祭文昌帝君，祈求他的保佑。

文人拜祭文昌星神有多种方式，一是读书人定期于农历二月二日、七月七日、九月九日，到各地文昌宫、文庙、魁星阁等地进行祭祀，祈求文昌神赐予功名禄位。而举子在临考前更要进行拜祭，祈求这位命运之神特别关照自己。当然，已经取得功名的人士，也不会忘记这位主持功名禄位之神，一是要表示对施予功名禄位的感谢，二是请求它进一步保佑他们升官发财。

二、魁星的故事

魁星在什么方位?《天官书》说“魁枕参首”，即魁星枕于参宿之上。参宿上面两星，正好作为魁星枕头之用。关于这个问题，朱文鑫《史记天官书恒星图考》曾以作图方式予以介绍，为后世天文史家广泛接受。索隐引《春秋运斗枢》曰：“第一至第四为魁”，正与朱文鑫之图示相合。但是，正义曰“魁，斗第一星也”，集解曰：“魁，斗之首”。故还有一种说法是北斗第一星为魁。不过，通常都将魁星理解为4颗，故方形如斗，也叫斗魁。《晋书·天文志》也说“一至四为魁”。《中国大百科全书·天文卷》也说：“北斗一至四颗星组成斗形，故名斗魁，或称魁星”。

从文昌星的星名和魁星的星名来看，也是互相匹配

⊙图 19

魁星神像

魁星源于北斗星中的魁星，故神像右方画有北斗星，神像手握之斗也有此象征。手握之笔象征“魁星点斗”，“金榜题名”。神像站在鳌鱼上，象征着“独占鳌头”

的。例如，前引文昌六星为将，太常、尚书、太史、廷尉、司空。据《荆州占》曰：“北斗第一星御史大夫，第二星大司农，第三星少府，第四星光禄，第五星鸿胪，第六星廷尉，第七星执金吾。”从以上二者官名可知，他们均为朝中的主要大臣，只是二者时代不同而官名有所差异。故人们用文昌和斗魁星作为主宰功名禄位之神。从魁字的含义来看，魁有首领、第一的含义。文人拜魁星神，含有求其保佑自己能得到功名，在考场上夺取魁首之义。正是由于古代文人对功名利禄的向往，才引起人们拜魁星的热潮。

图19是明清时代魁星神象的传统画法，人们在神庙中塑象，而且将其做成小塑象出售。尤其是在会考之际，魁星画和魁星塑象是抢手货。魁神的象，几乎千篇一律地为赤发蓝面之鬼。

这种形象，均是由魁字的鬼化而来。这个鬼立于一条大鱼头上，象征立于鳌头之上，为独占鳌头之义。魁神一手握笔，一手掌斗，是魁点斗的主要含义。手中所握之斗是一个呈方形的容器，象征魁星。与这个手握之斗相对应，在魁神头的左方，画有魁星的星座图象。其下部4颗略成方形，上面还有3颗与其相配，分明为北斗魁和斗杓的象征。这个魁星象再一次证明了魁星就是北斗之斗魁四星。

旧时魁星神的大型塑像，可以说遍布全国各地。唐宋时皇宫正殿台阶正中的石板上，就雕有龙和鳌(大龟)的图象。文人考中进士后要站在台阶下迎榜，得中状元则站在鳌头，故称独占鳌头。福建永春县有座魁峰山，因南宋时乡人颜应时、陈朴二人在此读书，后同登进士第，乡人遂将魁峰山改名为魁星山，山下有魁星岩，在岩上还建有魁星庙。庙中刻有樟木魁星神像。在昆明滇池旁的西山龙门最高处的崖壁上，有一座著名的达天阁石殿。殿由崖壁向内镂空凿成，殿内供奉着的正是这位手持点斗笔、独占鳌头的魁星神像。其旁即为金榜高悬的桂榜山，含有一登龙门，身价百倍的神秘色彩。

后人从唐《初学记》引《孝经神援契》中，发现载有“奎主文章”四字。由此便推想文运是由奎星主管着的，并由奎引申为魁。于是古今都有一部分文人，并不理会天文学家的意见，胡乱加以引用和发挥，说魁星就是奎星。若追本溯源，便是这《孝经神援契》。我们现今已无法弄清《初学记》所载奎字是否有误。即使无误，也不足为凭，不能再以讹传讹了。

第三章 正月的星空

第三章

正月的星空

第一节 十二星次的划分及其与二十八宿的对应关系

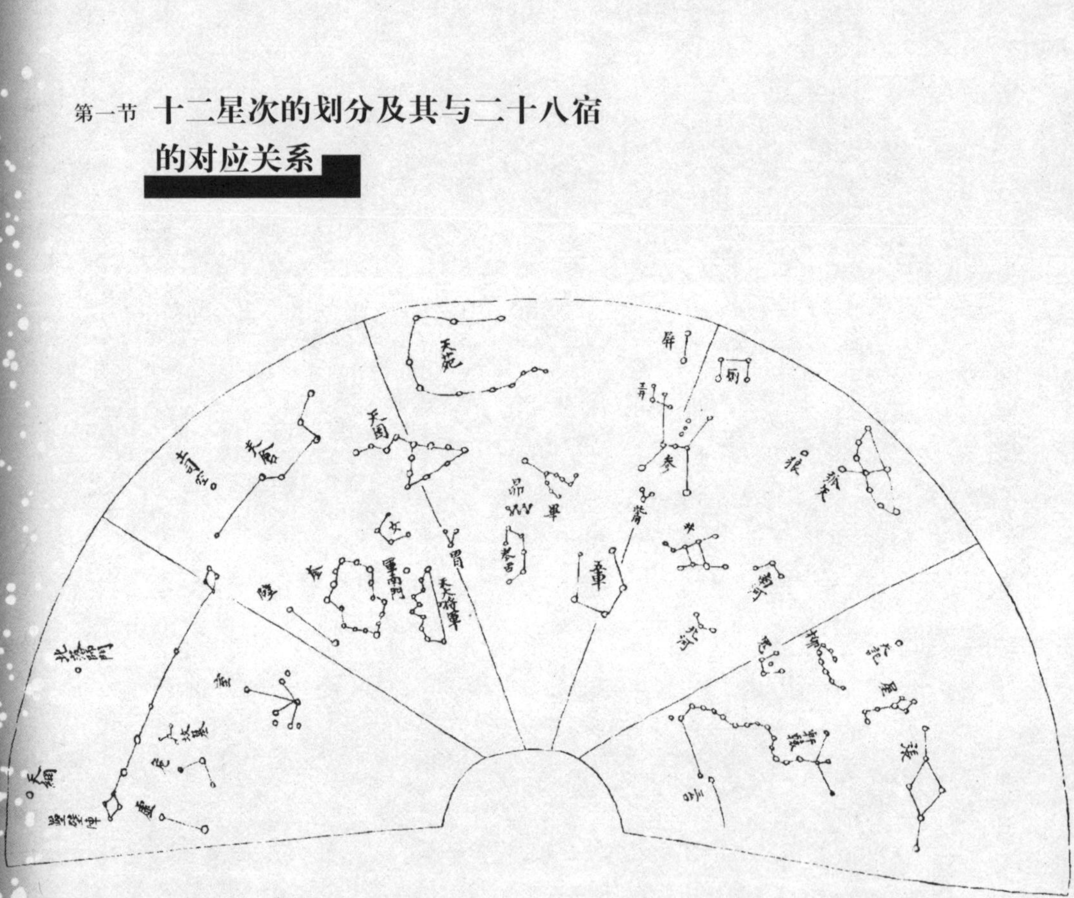

⊙图 20

正月中星图

本书所载十二月星图引用《天文节候躔次全图》的画法，但各月中星不同。该图的使用方法，以上南下北左西右东为准。图中昴、毕二宿位于中天，五车星，卷舌星也位于北方中天

为了使大家对十二月昏中星及相互之间的相对位置有一个较明确的概念，在介绍十二月中天星象之前，请先熟悉下面这张十二星次与二十八宿对应关系表：

十二星次与二十八宿对应关系表

农历月序	11	12	1	2	3	4	5	6	7	8	9	10
十二月建	子	丑	寅	卯	辰	巳	午	未	申	酉	戌	亥
十二次	星纪	玄枵	娵訾	降娄	大梁	实沈	鹑首	鹑火	鹑尾	寿星	大火	析木
二十八宿	斗牛	女虚危	室壁	奎娄	胃昴毕	觜参	井鬼	柳星张	翼轸	角亢	氐房心	尾箕
十二辰	丑	子	亥	戌	酉	申	未	午	巳	辰	卯	寅
四象	北方苍龙			西方白虎			南方朱雀			东方苍龙		

表中第一行为农历月序，它和第二行十二月建的关系永远是固定的。十二月建用十二地支命名，这十二地支也只是一个月序的名称，没有其它特定的意义。十二月建将黄道带分割成十二个部分。如果不考虑岁差发生的变化，这十二月建与二十八宿的关系也是相对固定的。太阳沿着黄道运动而形成四季，经过北方七宿时便是冬季，经过西方七宿时便是春季，经过南方七宿时便为夏季，经过东方七宿时便为秋季。

为了使二十八宿与月序相对应，在先秦和西汉时作固定分配，即所谓太阳在行经四钩时行二宿，经四仲时行三宿，这样一年四季正好行二十八宿。但这是一个大致的划分，每宿阔狭不等，并不严格符合。因此，在东汉以后，人们就采取较为严格的测定方法，节气在月初，中气在月中，测定每个节气太阳的位置，就可知道太阳在某宿的几度几分，由此也可推知或实测月初或月中的昏旦中星了。本书所使用的昏中星，就是使用了清

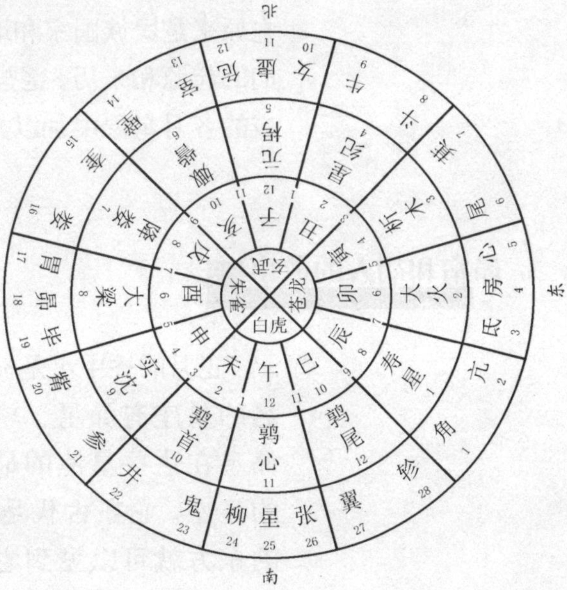

⊙图 21
四象、二十八宿、十二次对应方位图

代人测量的结果。为了便于观看和记忆，我们使用了每个月中的昏星来予以介绍。但是，为了读者认识和记忆，也为了提高读者认星的兴趣，我们将与历史故事相结合的方式予以介绍。由于古今的岁差变化，历史故事发生的月份就将有一至两个月的差异。另外，相邻星宿之间往往有某种文化上的联系，如牛郎织女的故事，营室和东壁的故事等，它们在今天不一定属于同一个月的中星，但由于故事情节的需要，我们将放在同一个月中的同一个故事里介绍。

在每一个月中，太阳在恒星天空中所行经的天区称为星次，十二个月对应于十二个星次。这十二个天区，又以十二辰命名，故十二辰与十二星次的关系也是固定的。十二星次，也可以看作黄道带十二辰天区的异名，它与西方的黄道十二宫相对应。这十二星次的名称，对于初次接触的人来说似乎很陌生，什么玄枵(xiāo)，娵訾(jū zī)、析木等，不知为什么要用这些奇怪的名称作为月名。但如果从恒星分野的角度出发，我们就可以懂得它原来是民族国家和地域的名称，也就进一步知道了它们的起源和来历。这些星次的名称和来历，我们将在相应的各月星象中加以介绍。

第二节 昴宿和胡人的故事

正月的昏中星是昴宿和毕宿(见图20)。春季黄昏著名的星座有昴星、毕星、参星、东井和老人星等。昴星在这些星座的最西边，是春季星象中最早出现的星座。它在古代是属于冬季的星座，在秋天黄昏的东方就可以见到它，故唐诗有“秋静见旄头”的诗句。旄头就是指昴宿。

昴星是全天最容易识别的星座之一。这是由于有六七颗较亮的星聚集在一个较小的范围内所致，故称之为昴星团。无论中国人还是外国人，都将昴星团称之为七姐妹星。其中昴宿六为2等星，昴宿一、四、七为3等星，昴宿五为4等星，只有昴宿三为6等星。正是由于有一颗星较暗，许多人只能看到其中的6颗。

恒星是距离我们十分遥远的天体，古人不懂得如何测定它们离开我们的距离，把它们都投影在同一个天球球面上，实际上把它们看作是相同的距离。为了研究方便起见，才人为地将若干目视距离相近的恒星称之为星座，今天，人们已经想出各种物理方法可以测出一些恒星的距离了。

人们发现，原本出现在同一方向、甚至目视相距很近的两颗恒星，其实际距离可以相差很大，其间不一定有什么物理联系。但经今人研究，昴星团中的诸星之间，是确实存在物理联系的恒星集团，在高倍望远镜的观测下，其成员可达280颗，内部两颗星之间的平均距离不到1光年。而距离我们最近的恒星半人马座α星，中国星名南门二，距离我们也有4.3光年。南门二虽然为全天第三亮星，但在中国并不著名。这是因为它太偏向于南方了，在黄河流域的人是看不到的，必须要到长江以南，甚至在海南岛六、七月间的黄昏，才能一睹它的芳姿。

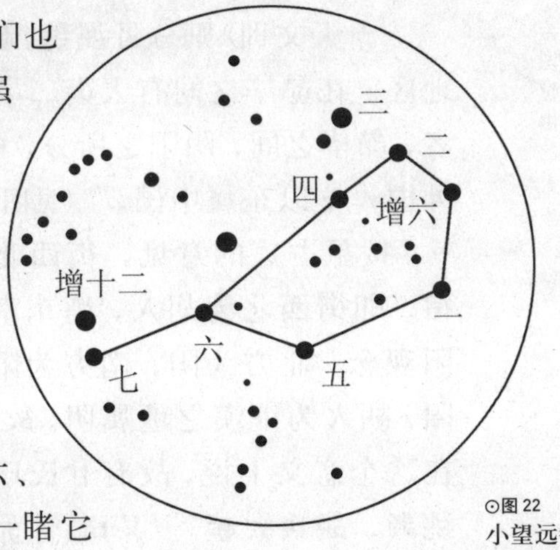

⊙图22
小望远镜中见到的昴星团
将昴宿诸星与昴星团相联系，首见朱文鑫《史记天官书恒星图考》，通常目力可见6至7颗，超常目力可以看到更多，在小望远镜中可以见到数百颗星聚集在一起

《天官书》曰："昴曰髦头，胡星也，为白衣会。"又曰："昴毕间为天街。其阴，阴国；阳，阳国。"意思是说，"昴"字的直接含义是中国西南部的少数民族。据记载，周武王伐纣时，曾联合西方的八个少数民族出兵，其中就有建国于巴地的髳(máo)国。周

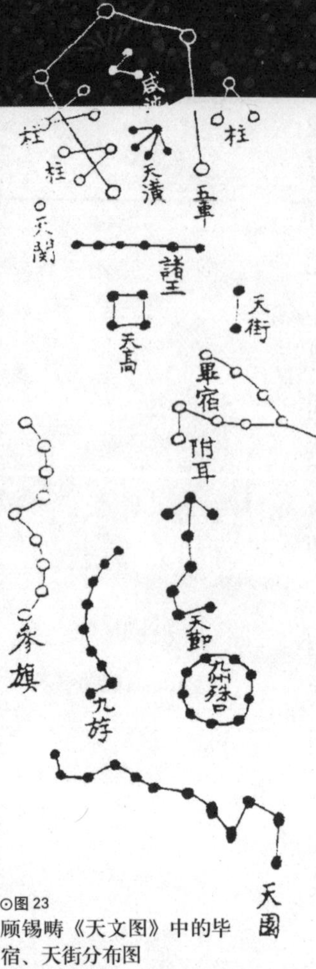

⊙图 23
顾锡畴《天文图》中的毕宿、天街分布图
昴为胡星，毕为中原。昴为胡人的象征，胡人与中国由天街相隔。和平时为贸易的市井，战时为前线。由九州殊口沟通二者之间的语言。参旗、九斿为战车上的军旗，满载士兵的战车五车星正在前线战场，我们似乎可以听到战车驶过的隆隆之声

代的髳人以后可能不断向西南迁移，唐代时在髳人的居地设有髳州，即今日云南省的牟定县。古称被发先驱为髦(máo)头，源出于西南少数民族被发作战勇猛之象征。由于昴宿属西方白虎的一宿，白虎的主体在觜参二宿，大约星占学家将髦与虎头下披的长毛联系了起来，故有髦头之称。髳人为古羌人的一部分，北方和西北方的少数民族统称胡，故髳人也是胡人的一种。胡人以昴星作为自己的族星，在古代文献中多有记载、印度古代也以昴为二十八宿的起首星。我们在凉山彝族进行天文历法调查时，也证实了彝族习惯以昴作为二十八宿的起首星。所有这些事实都再次证明了《天官书》所载昴为胡星之可信。

在昴为胡星的基础上，中国古代的星象学家还对中国星空作出了进一步的形象分布：昴星为胡人，在西北；毕星在东南，属中国。在《开元占经》的分野中，毕属赵，《淮南子·天文训》则分野属魏。赵或魏均为中原的心腹地区。在昴毕之间有天街二星。又，石氏曰："天街者，昴毕之间，阴阳之所分，中国之境界。昴以西属外国，毕以东属中国。"(见图 23)

按星占家的意见，街西北为昴宿，街东南为毕宿。即街西北为胡人，街东南为中国。按照古代阴阳观念，北方为阴，南方为阳；中国为衣冠之帮属阳，胡人为荒漠之地属阴。故街北为阴，街南为阳。在这个意义上说，故有甘氏曰："昴星大而数动，尽跳者，胡兵大起。"又曰："昴一大星跳跃，余皆不动者，胡欲侵犯边境。"在星占家看来，只要观察昴星的状况，就可判断西北方向有无战事发生。

第三节 毕宿与毕万建国

一、捕兔之毕网和毕为雨星的故事

毕宿八星，在北纬10°左右。形似爪叉。《诗·大东》朱注曰：“天毕，毕星也。状如掩兔之毕。”“网小而柄长者谓之毕”。经朱熹这一解释之后，毕星为捕兔的毕网，也就成为流行的说法了。当然，这种说法在朱熹之前就早已有之。西安交大汉墓出土的二十八宿之毕宿处，虽然残缺不清，似乎也有掩兔之象存在。说明汉人就已经有这种解释。从以上介绍可以看出，凡是星空中出现一个物名或人名，周围就会有一个与此相配合的环境，例如，在驭马星神王良星的旁边，就有驷马、策星、造父、天厩、车府等与其相配；有织女下凡，就有牛郎星与其相配；有银河流经，就有天船和驻守之官南河戍、北河戍与其相配等等。不过，星空中没有兔子星，要捕兔之毕网干什么？所以笔者认为这种解释是否正确值得怀疑。

又《诗·渐渐之石》曰：“月离于毕，俾滂沱矣。”朱注曰：“离，月所宿也；毕，将雨之宿也。”这里讲的是一句农谚，由于是诗歌，不能用太多的文字说清楚，后世注家也含糊其辞。其实，这句农谚缺少了外界的条件，就会成为一句没有意义的空话。月亮每月都要经过毕宿一次，难道都要下一场大雨吗？由此可知，诗中缺少交待季节月份。《月令》曰：“孟秋之月，完堤防，谨壅塞，以备水潦。”郑注云：“备者，备八月也。八月宿直毕，毕好雨。”是说八月的时候，月亮经过毕宿就要下大雨。每年农历八月是黄河流域下大雨的季节，故有此说法。

二、毕万建国的故事

就毕星的形状来说，将毕解释作捕网是没有问题的，但这种解释从星名起源的角度来看却是不正确的，是后世文人不明星座起源的历史，望文生义所致。几乎上古所有天文星占家均不论及“毕为捕兔之网”就是明证。其实，除此之外还有很多说法，如《春秋纬》曰：“毕罕车，为边兵。”巫咸曰：“毕为天狱。”《河图》曰：“毕为天罡(gāng)。”即毕星还有军车、天狱、大风等的说法。我以为上引《天文训》毕“魏分野”的说法，已经指明了毕宿这一名称的起源，也就是说，其星名源于魏建国者毕万。其理由如下：

首先，很多著名的黄道星象，如房宿、箕宿、奎宿、娄宿等，四象和十二星次中的实沈、大梁、玄枵、娵訾等，都是华夏民族或氏族的名称，或为相应地域的地名。而仅将毕宿释作捕兔之网，与其它星象的含义很不协调一致。其次，将毕宿释作捕网，没有天文学文献的依据，仅凭《诗经》中诗人的想象是靠不住的。而将毕宿之名源于其相应分野魏国的祖先，这才是顺理成章的事情。

据分野理论，《汉书·地理志》在记载魏为觜(zī)宿和参宿分野时说：河内(河南省黄河以北地区)原本是殷朝的都城，周灭殷，把其京畿之地分为三个国家，称之为三监，将它分封给周武王之弟康叔，故邶(bèi)、庸、卫三国的诗风相同。因此，河内殷墟之地属晋。而河东(山西南部，也泛指山西全省)的土地，原本为唐尧的后裔居住，尧墟之地为魏国，所以参宿为晋人之星。魏国宗室为姬姓。自从唐叔建国以来十六世，直至晋献公，灭掉了古魏国，将其封给大夫毕万，到晋文公诸侯中间称伯，以尊重周王室为名号，开始占有了河内之地。魏宗室自毕万以后十世称侯，到其孙子称王，并迁都到了大梁。

从以上记载可知，魏国的始祖为毕万。曾为晋献公大夫，因助晋灭古魏国有功，而被封魏国土地。自从取得古魏国的土地芮城作为基地之后，其子孙一直向东发展，疆域最大，包含了殷墟至黄河南岸的大片土地。后迁都大梁，故魏也称梁。由于十二星次中的大梁包含有胃昴毕三宿，分野上对应于魏国，毕宿之名源于魏国之祖，故大梁星次也一定就是指魏都大梁城。

毕万原是协助周武王灭纣的毕公高之后。毕公为周文王姬昌的第十五子，因受封于毕而称毕公，他的后裔也以毕为姓。毕地居民原为毕人的后裔，因毕人氏族之居地而为地名，早在商代时，毕人就建立了方国。周文王灭古毕国后封其子，毕国因此成为姬姓之毕国。西周灭亡，毕国也为犬戎所灭，毕人后裔流散，至普献公时，毕万因助晋攻灭耿、霍、魏等古国而立了大功，受封魏地，为晋大夫，才成为魏国之祖。

关于毕万统治下的魏国的兴盛，在天文学上还留下了一条著名的星占。《史记·魏世家》引星占家卜偃说："毕万之后必大矣。万，满数也；魏，大明也。以是始赏天开之也。天子曰兆民，诸侯曰万民。今之大，以从满数，其必有众。"这就是说，从星占的含义来说，将"大"这个地方封给了满数"万"，是天意，毕万将来必定要发达，会得到万民的拥戴，毕国也将兴盛而成为大国。正是这个天文学上的典故，天文学家才将西方七宿之第五宿所对应的魏王室毕氏，作为该星宿的名称。

关于恒星的地理分野，在赵魏的分配上有两种相反的意见：《天官书》、《汉书·地理志》、《晋书·天文志》是一种意见，而《淮南子·天文训》、《观象玩占》、《开元占经·分野略例》又是另一种意见。显然，《天官书》载"昴毕，冀州；觜参，益州"，将毕宿分配在冀州即赵，与毕万为魏祖有些矛盾。但是，《天文训》则说："奎娄，鲁；胃昴毕，魏；觜参，赵。"《开元占经》也说："奎娄，鲁之分野；胃昴，赵之分野；毕觜参，魏之分野。"它们均将毕宿分配在魏地，那么，在细小的地域分配上也都一致了，毕宿之名源于毕万当确凿无疑。而大梁为西方七宿中3个星次之一，它包含胃昴毕3个星座，毕万为魏祖，大梁为魏国都城，这些星象名称之由来显而易见。

第四节 天空中的坟墓——大陵星座

在昴宿的西北上，胃宿的北部，有大陵星8颗。构成了形状如曲钩状的大陵星座。在大陵星座内大陵六附近，有积尸气。大陵五是著名的变星，中国上古时代的天文学家早就观察到了。星占家用大陵五的明暗程度，来作为判断是否有大丧的标志。据近现代用高倍望远镜进行观测研究，发现大陵五由一颗主星和一明一暗两颗伴星组成，它们间相互绕行的遮盖状态，引起综合光度的变化，最亮时可达2.13等，最暗时也有3.40等。其光变周期为2天20小时。

石氏曰："大陵中有积尸，明则有大丧，死人如丘山。"说明古人发现，不仅大陵五有明暗变化，积尸星也有明暗变化。故天上这个大陵星座，即象征着大的陵墓，是主管帝王崩丧之星。《辞海》大陵条曰："古邑名，本春秋晋平陵邑，战国赵改名，在今山西文水县东北。"又说：大陵"古县名，汉置"。即大陵县在太原盆地西缘，战国时属赵。《史记·赵世家》记载，赵肃侯曾于十六年(前344年)游大陵，当时正值春夏之交的农忙季节，有一个名叫大戊午的官员就劝阻他。赵肃侯听到之后，连忙下车称谢，及时改正了自己不正确的行为。赵肃侯从善如流受到了史学家的称道。大陵原本是晋国的王陵，因有王陵在而为县名。正因为如此，赵国境内的这座大陵之名，便成为星空中的一个星名。

这个大陵星座中和南方七宿之鬼宿中，星占家都发现有积尸气。并且很注重对它们的日常观察。重视观察的理由，是认为利用它们可以判断当前社会活动中出现尸体的多少。积尸气显著，则因战争等原因造成的尸体就会相对多；积尸消失或不显著，则死丧少，社会也就相对安定。古人认为，人死了之后便是鬼，鬼宿有鬼，陵墓中也有鬼，因此这两个星座中才均有积尸气。义为积累了尸体之后所呈现出的一种鬼气。现代观测表明，鬼宿中有星云，大陵星中有食变星，它们就是产生古人眼中的积尸气的原因，由此也说明，古人的观测纪录是精细的。

大陵星分布在胃宿，而大陵这个墓地在赵国。它再次证明了古人在对星座命名的过程中，对天文地理分野理论的掌握上是很严格的，据分野理论，赵属胃宿和昴宿，大陵作为天上的星名，也严格合于这个分野理论。

第五节 五车星和九州殊口——战车与翻译官

星空观念，是人们社会观念的一种反映。在殷周秦汉时代，中国与西北少数民族之间经常发生战争。西北方向的少数民族统称胡人，主要包括戎狄、玁狁见(xiǎnyǔn)、鬼方等，也包括了西方的羌人。在西方的星空世界里，昴宿和毕宿反映着汉人与胡人的对峙，天街象征着两国的边界，和平时为国与国之间进行贸易的场所，交战时为战场之分界线。得到紧急军情之后，王良在阁道上策马传递信息，天大将军领着军队从阁道出军南门，驻扎在天街西南；在天街的北面的银河里还有天船为军事服务，象征着战斗的水陆并进。

在毕宿的东北方向，还有五车星在驻守着。五车星由5颗明亮的星组成，在西方七宿的恒星世界中也是少数几个显著星座之一。5颗星组成美丽的五边形，其右上角的1颗星为五车二，星等为0.08等，为全天第六大亮星。由于其亮度很接近0等星，故它可作为判断0等星的标志。五车星的其余4颗星也大都为1等星。其最北的星为五车三，左上角为五车四，三、四连线的延长线的5倍处便是北极星，故五车星也是寻找北极星的三大标志之一。在五车二旁边，有柱三星。柱为古代插军旗的旗杆，是军事行动的标志。《春秋元命包》曰：“五车三柱，象天下之车；一柱不见，三分一车行；二柱不见，三分二车行，三柱不见，天子自将兵。”上古时的战车有轻车和重车之别。轻车又称驰车，取其

⊙图 24

用五车星寻找北极星的位置

五车三、四两星连线延长线的5倍，即是北极星。引自《宇宙索奇》

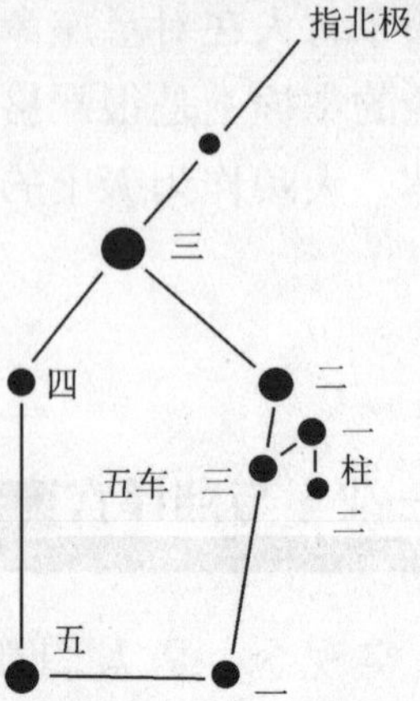

作战轻快便捷的性质。重车设备齐全，又称革车。《孙子·作战》梅尧臣注曰："凡轻车一乘，甲士步卒二十五人。重车一乘，甲士步卒七十五人。"五车为轻车，轻车为革车。重车、轻车，各有所长。五车之东有旗座星，毕宿之东有参旗和九斿，都与军车旗帜有关。

在毕宿的南面，有九州殊口五星。殊口就是"特殊的嘴巴"，也就是能说外语的人。战争双方不但要有军事力量的较量，还需要通过对话和谈判解决一些问题。汉人与胡人语言不通，必须通过翻译才能沟通，九州殊口起到了特殊作用，因此星空中也设有相关星名。

中国星空中仅与西北战场有关的星座就有十余座，另外还有若干间接有关的星座，如五车下的天关、昴宿南的天廪(lǐn)、天囷(qūn)、天苑等，这些留待以后再予以介绍。

第四章 二月的星空

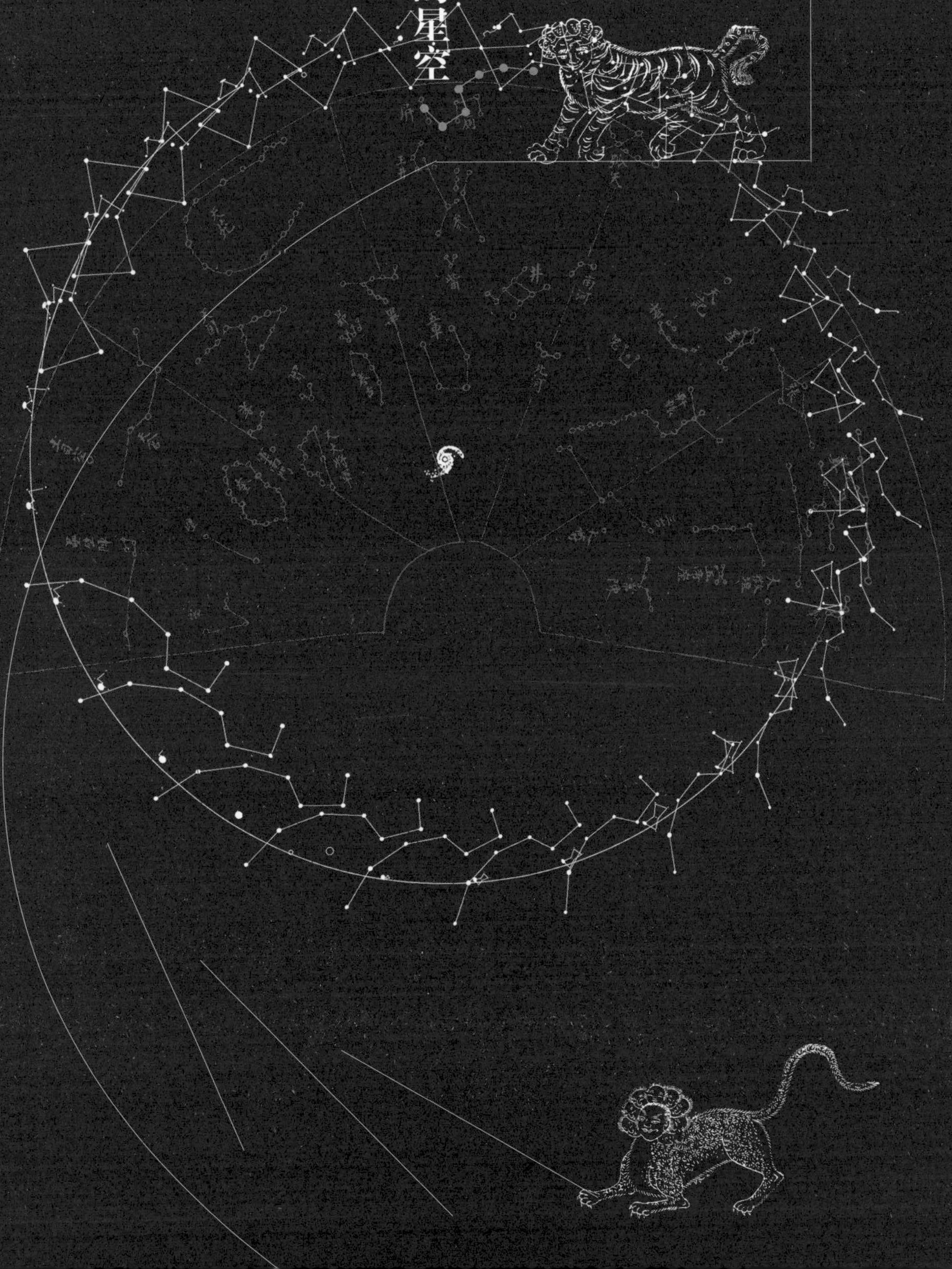

第四章

二月的星空

第一节　参宿觜宿和实沈星次的故事

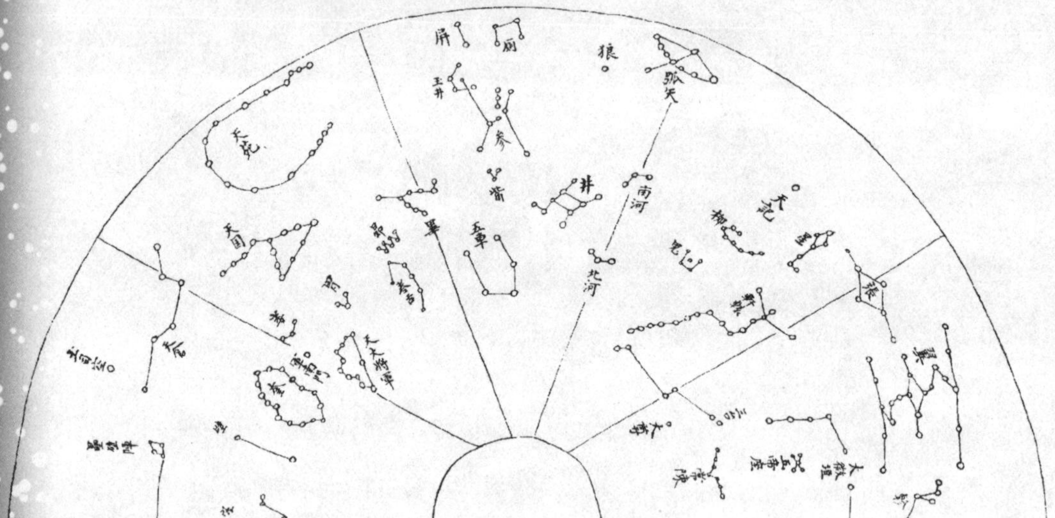

⊙图25
二月中星图
觜、参位于中天，南方的天狼、弧矢和厕星，也位于正南方

一、参宿的位置和形势

二月的昏中星为参宿和觜宿(见图25)。在中国古代，苍龙是夏季最漂亮的星座，白虎是冬季最漂亮的星座，故早在新石器时代，就成为人们崇拜的对象，后来还形成了东夷人以大火星作为自己的族星，西羌人以参星作为自己的族星的习俗。

《史记·天官书》是这样介绍参宿和觜宿的：“参为

白虎。三星直者，是为衡石。下有三星，兑，曰罚，为斩艾事。其外四星，左右肩股也。小三星隅置，曰觜，为虎首。”

这段话是说，有3颗星横向排列在星空中，差不多正好在赤道上，它们是寻找赤道位置的最好标志，这3颗星便是参宿的主星，参宿之名就源于此。“参”就是三的意思，就是指这3颗星。沿着这3颗星中间的那一颗垂直向下，另外还有3颗星，它们排列的形状尖尖的如宝剑，管理着断杀之事。它有专门的名词，称为罚星。在中国民间，又将这两处三星组合在一起，称之为犁头星，即将其看作犁地用的犁头。在这两组三星的外围，有4颗大星包围着，整体上说，参宿像一只坐着的白虎，四星的上面两颗为虎的左右肩，下面两颗为左右股。另外，在这4颗大星的上方有“小三星”，被称为觜宿小3星。觜宿小三星呈三角状，是白虎的头。那么，三颗罚星，也就是白虎的尾巴了(见图26)。

⊙图26
南阳东汉画象石上的虎象星图
虎象的左面画出了参宿中的3颗星和下面伐三星

参宿是古代冬季北天最为明亮的星座，除天狼、南北河、五车、毕宿各有一颗亮星外，其余的亮星几乎都集中在参宿之内，可见其在全天众星中的特殊地位。其左肩为全天第七亮星，右股为第十二亮星，其余的5颗，也都是2等星。此外，在其附近，还有数十颗3、4等星，所以参宿通常被作为冬季的代表星座。

出于中国古代星占的需要，星占家将觜参二宿想象成一只凶猛的老虎。天上的老虎当然不是一般的野兽，而是虎神。虽然是虎神，但仍然有猛虎的性格，发作起来是难以控制的。故星占家在这只老虎的右方设置了一口玉井，让老虎的左后脚陷于玉井之中，使之不得轻易发威。这样，老虎左后腿与玉井的相对位置，便成为军事上的占语。石氏曰：“参左足不入玉井中，兵大起；参星不欲动，动则兵起。”在玉井的南面，还有军井和厕星、屏星。军井是为军队提供饮用水的水井；屏为厕之屏障，它们均为军用之物。

参星在西方也是著名的星座，不过西方人称之为猎户座，觜参诸星成为猎户的形象。至于玉井及厕屏等星，在西方则构成了天兔星座。天兔是猎户捕猎的对象。

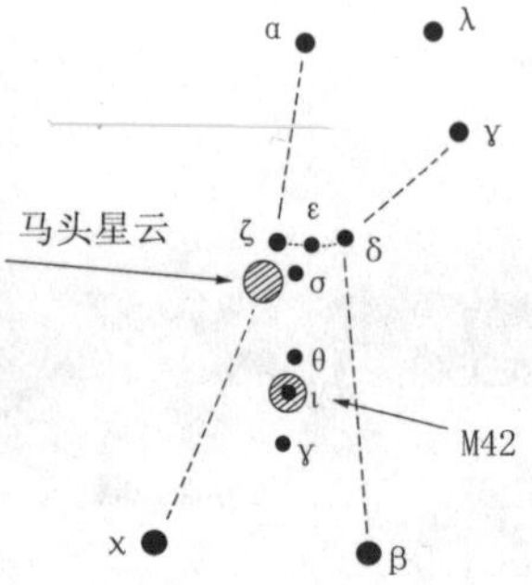

⊙图 27
猎户座大星云（M42）和马头星云的位置示意图
引自《宇宙索奇》

参宿在天文学上成为著名的星座，不仅是因为其诸星明亮，更重要的还在于其范围内有许多引人关注的特殊天体。首先，在其北面的黄道上，有著名的天关星和被人们研究得最多的天关客星。被称之为罚星的3颗星的中间一颗，它实际上并不是普通的恒星，而是一块惟一用肉眼可见的猎户座大星云。因横三星附近，还另有一块著名的马头星云(见图 27)，其形状似马头而得名。这些星云，在大望远镜中呈云絮状物质，均为银河系中较密集中的弥漫物质组成。

二、实沈星次与白虎星座的关系

实沈，通常是指农历四月太阳所在星宿的位置，也就是觜参二宿，但实际上，每一个星次的边界都是在星宿间作缓慢移动的。故严格地说来，实沈与觜参之间的相应关系，只有在上古时才对应，到了近代已发生了错位，只是在传统的观念中仍然保持着这种说法而已。

按照《史记·天官书》解释，觜宿是白虎的脑袋，参宿外面呈四方形的4颗大星，是白虎的左右肩股，即白虎的身躯。由此看来，在小范围内，实沈与白虎是对应的，实沈就是白虎。但从大的范围来说，人们又将整个黄道带划分为四象和二十八宿，每一象占有七宿，则奎娄胃昴毕觜参七宿与西方白虎相对应，故巫咸有“昴为天目”、《春秋纬》有“昴为旄头”之说，指的是白虎的头脸部分。但这些说法与《天官书》中“觜为虎首”的说法是矛盾的。白虎的形象，通常都按《天官书》的说法来理解。所谓西方白虎包括西方七宿，主要应该从天文地理的分野理论来理解。

第二节 实沈和台骀的故事

一、从晋平公病因说起

据《左传·昭公元年》记载，晋平公有病，郑伯派卿大夫子产到晋国聘问，并看望晋平公的疾病。晋大臣叔向问曰：“我国君主的疾病，占卜的人说是实沈、台骀在作祟，太史不懂得这两位是什么神灵，我想向您请教”。子产说：“以前高辛氏帝喾(kù)时代，有两个有名望的人，他们是华夏地区两个主要民族东夷和西羌的首领，年纪大的叫阏伯，年纪小的叫实沈，这两个民族居住在广大的森林里，互相不能和平共处，经常动用武力，相互征讨。到了帝尧时代，帝尧认为他们不该这么做，为了不再发生战争，便将他们分开，把阏伯迁到商丘的地方居住，以祭祀、观察大火星为主，用以确定时节。其后裔商朝人把这一专长继承了下来，所以大火星又称为商星。把实沈迁移到大夏的地方居住，以观测、祭祀参星为主，也用以确定时节。其后裔唐人把这一专长继承下来，所以参星又称为唐人之星。唐人的后裔以此来奉事夏朝和商朝。唐国最后一代国君叫唐叔虞。当周武王的妻子邑姜怀着太叔的时候，曾梦见天帝对自己说：‘我给你的儿子起名叫虞，将来封给他唐国，属于参星，让他在唐国养育繁衍他的子孙。’太叔降生时，有纹路在他的手心，像个虞字，武王就给他起名叫虞。成

⊙图28

子产像

引自《三才图会》

王灭了唐以后，就将唐的国土封给了太叔，唐人的这一习俗从此便在晋人中流传了下来，所以参星是晋国的星宿，由此看来，实沈就是参星之神”。

前文子产所说的唐国，在山西南部绛州翼城县，是帝尧后裔生存地之一。由于帝尧所在族系人口众多，其后裔居地不只一处，山西南部仅为其主要生存地之一。子产所说的阏伯，就是伯益，为舜、禹时的大臣，也是秦宗室之远祖。唐人的后裔不再显著，所以有“服事夏商”的说法。后人在商丘建火神庙用以祭祀大火星之神阏伯；唐人和晋人也在晋地建实沈庙，用以祭礼参星之神实沈。我们现今虽然对实沈其人还不很了解，但他应该就是帝尧的后裔，在翼城地区为唐人建立生存之地的开山鼻祖。周成王灭古唐国，并将之分封给叔虞，乃称唐叔虞。叔虞之子继位后迁居晋河即汾河之西才改称晋国。黄帝姓姬，起源于西羌族，东迁之后，才在华北大平原生存下来，并成为部落联盟的大酋长。尧为黄帝的直接后裔，也姓姬(一说姓祁)，故唐人出身西羌之说是很明确的。周人之祖不但出自西羌，而且也姓姬，同时其后裔叔虞被封于唐，这样周人、唐人的后裔既同出一源，又合为一地，便自然地融为一体，相互间建立起较为密切的关系，唐人所祭祀的参神实沈，也就成为晋人的星神。

二、台骀与周人晋人的关系

凡是首次到太原旅游观光的人，都要参观太原的旅游胜地晋祠。晋祠是晋王祠的省称，是为纪念晋国开国始祖叔虞而修建的。关于叔虞建立唐国，以后改称晋国的故事，在上一节中我们已作了介绍。晋祠所祀特别之神有三处：一是唐叔祠，二是圣母殿，三是台骀庙。由于唐叔虞被周成王封于唐，后改称晋，并发展成春秋五霸之一，这些事迹都详细记载在《史记·晋世家》中，故后人对晋人建唐叔祠以祭祀自己的远祖是容易理解的。但是，在晋祠中为什么要建圣母殿和台骀庙?这里的圣母是谁?台骀又是谁?几乎未见任何文献加以说明，一般的人也就更不容易明白了。

其实，这位圣母并不难寻找，圣母就是国家的老祖母。在当时有两个人可以担当这个角色，一是周人和晋人的远祖后稷之母姜嫄，二是叔虞之母邑姜。邑姜是姜太公的女儿，周武王的王后。但仅因生了叔虞就被奉为圣母的可能性不大，因为邑姜并没有太多的圣迹可言。可是，从晋祠的布局来看，是以圣母殿为中心的，唐叔祠反而偏在一边。因此，这个圣母对于晋人甚至整个周王室来说，要比唐叔更伟大、更神圣。那么，就只有后稷母姜嫄可以充当圣母了。由于周人和晋人同宗、同姓，周人的远祖只能推演到姜嫄。据记载，姜嫄为帝喾的元妃即正配夫人，她因踩了巨人的脚印怀孕而生下后稷。后稷也因此有巨人之志，好农耕，帝尧便把他举为农师，被封于邰，得姓姬氏。以后子孙一直以农为本，以农立国，在戎狄间修后稷之业，以至于建立周的基业，最终伐灭殷纣，建立起西周王朝。因此，姜嫄生后稷(见图29)为开山祖，这个圣母非姜嫄莫属。

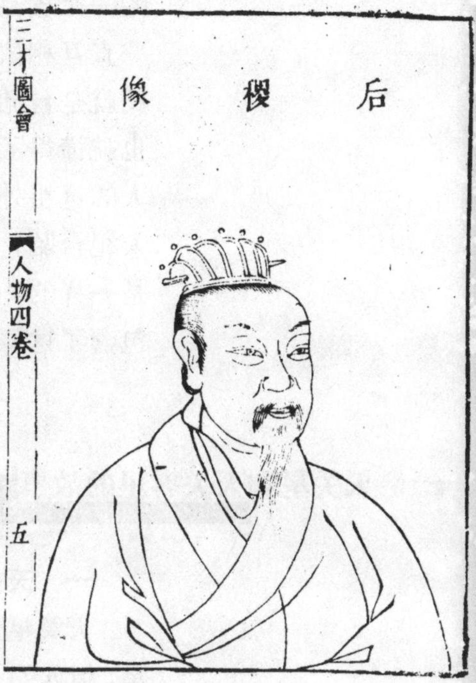

⊙图29
后稷像
后稷为周人的始祖。引自《三才图会》

那么，晋祠中祭祀台骀又有什么含义呢?这个台骀并不是有些书中所说的少昊金天氏之子昧的儿子台骀，他因治理汾洮二水有功而被封为汾水之神。因为按照这种解释，这个台骀便与晋祠毫无关系了。其实，据何光岳研究，台骀也是古羌人向东方迁移的一个重要支系，它很早就与古羌人中的姬姓之间建立起了婚姻关系，故凡是有姬姓生存的地方，如晋人生存的山西地区、周公旦建立的鲁国地区和周王室的根据地谓河流域，都留下有台骀人生活过的遗迹。保留至今的证据有，陕西眉县的邰亭，山西闻喜县的邰亭，山东费县也有邰亭，等等。邰即台，台亭就是台骀氏的后裔祭祀祖先的地方。台邰人不但在自己生存的地方建有台亭，还建有台骀庙，晋祠中的台骀庙就是众多台骀庙中的一座，也是台骀人祭祀自己祖先的地方。可见，要是用因治理汾水有功而立庙祭祀的说法明显不妥，因为按照这种解释，就不该在陕西和山东建台亭和台骀庙。实际上，晋人祀台骀，是有其民族学方面依据的，据《周本纪》记载：后稷之母姜嫄，为有邰氏女。这个有邰氏，当是炎帝部落中的一个支系，炎帝族与黄帝族世代保持着婚姻关系，一直互相依存，政治上也保持着同盟关系。这个有邰氏就是台骀人的另一种称呼。明白了这个道理，我们也就懂得了晋人为什么祀台骀了。原来台骀民族是周人的远祖外祖母家，晋人既然是周人的后裔，那么晋人祀台骀，也就是祭外祖母，这与祀圣母姜嫄的含义是一样的，晋祠将台骀庙附在圣母殿的旁边，实际也包含了这层含义在内。

第三节 天关星和天关客星的故事

一、天关星——天上的重要关卡

天关星是一颗不太明亮的恒星，虽然只是一颗3等星，但人们对它的关心程度，几乎超过了大部分明亮的恒星，原因在于其所处位置重要，又因为其旁曾出现过有重要研究价值的天关客星和蟹状星云，故格外为现代人关注。

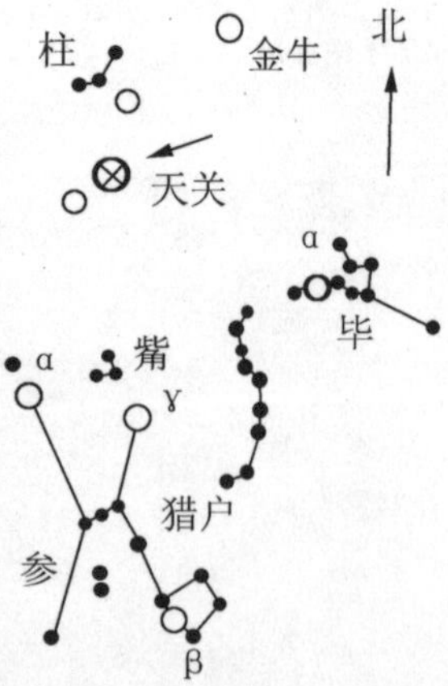

⊙图 30
天关客星的位置
引自《宇宙索奇》

天关星的位置，差不多在参宿的正北面。天关的北面，便是的五车星和柱星。天关的东面为井宿，西面为毕宿。井宿在西方称为双子座，毕宿为金牛座，其中各有几颗亮星，均较为显著。

天关星，顾名思义就是天上的关卡，是天体运行进出的门户，是天上重要的关隘之地。它位于夏至点附近黄道略偏南一点的地方。古人对黄道的位置测量不精，认为它既是黄道的最北端，又是夏至点的方位，位置十分重要，故古人很重视对它的观测。

黄道的行程是漫长的，日月五星绕行一周须经过二十八宿才能回复到原处。于是，中国古代的星象学家在黄道上共设立了两个关卡，用以观察和判别天体运动的位置。一个关卡称为天门，另一个就是这天关星。这两个关卡在观测天体运行时都很重要，天门位于二十八宿之第一宿角宿，那里是天体运行一周之后重新进入二十八宿的必经之路，故设关卡予以管理。而天关是黄道通过最北端的要道，故设第二重要关卡予以镇守。关与门是同一个含义，这两个天门与其它天门的性质有别。其它大门如南门、军南门、阳门等，其实与日月五星在黄道上的运行无关，而是星空中军队营房的门户。石氏曰："天关星芒角，有兵。"又曰："天关星欲大明。明大，则王道平通。"即古人对天关星的观测，不仅关系到历法的制订和对日月五星位置的观测，在星占学上也是重要的观测目标。天关星明大，就意味着国家平安。如果看到其有芒角闪烁，就意味着有兵侵犯边关，将有兵荒马乱发生。这便是为什么古人重视天关星观测的道理所在。

二、天关客星与蟹状星云

在离天关星西北不到1度的地方，18世纪前期人们用望远镜观测到一块形状似蟹的星云。其实这块星云用肉眼是看不到的，它的星等为8.5等。它虽然光度较暗，在天文学上的重要性却十分巨大，自从发现它以来，几乎影响了天文学的研究方向，它关系到宇宙间超新星的爆发和演化，一位国外天文学家曾用略带夸张的口气说："对于蟹状星云的研究，几乎占据了现代天文学的一半。"

蟹状星云首先是一位业余天文爱好者发现的，在随后的星云表中，即被排在星云1号。通过大型望远镜作仔细观测，可以发现它是一个形状不规则的云雾块，中间还有许多纵横交叉着的明亮的细线(见彩图9)。

1892年，美国天文学家拍下了它的第一张照片。1921年，美国天文学家对比了30年前的新旧两张照片以后发现，这只“螃蟹”还在不断长大。人们推算出它的膨胀速度为1100千米／秒。从这块直径约7光年的星云不难推出，大约在900年以前，这块星云还处在一个极小的范围之内。事有凑巧，人们从中国的《宋史·天文志》和《宋会要辑稿》中也发现了相同位置上的超新星记载：“至和元年五月己丑(1054年7月4日)，(客星)出天关，柄可数寸，岁余稍没。”《宋会要》还说它昼见如太白，芒角四出，色白，凡见二十三日。于是，人们便将蟹状星云与中国的天关客星纪录挂上了钩，认为它是公元1054年超新星爆发后留下的遗迹。由于西方没有这条超新星记录，而中国又记载得特别详细，所以近代的天文学家都把它称之为中国新星。

现代研究表明，超新星遗迹都有极强的射电幅射，并且毫无例外地都在向外急剧膨胀，蟹状星云的膨胀速度已经准确地测出来了。人们对蟹状星云的射电辐射也作出了具体测定，其结果比太阳还要强几万倍。蟹状星云这两种观测数据都符合超新星遗迹的状态，故蟹状星云就更有可能是1054年天关客星爆发的遗迹了。1968年，美国天文学家又在蟹状星云内观测到一颗脉冲星，其射电脉冲周期为1.3秒。脉冲星是恒星演化中垂死阶段的一种星体，内部的核反应已经中止，其实质就是高速旋转的中子星，其最终的结果便是慢慢消失在宇宙空间。在蟹状星云中观测到脉冲星，更使蟹状星云为1054年超新星爆发遗迹的假设成为无懈可击的科学事实。因此，天关星虽然不十分明亮，它那厚重的科学文化内涵却值得世人关注，令我们不得不要多看它几眼。

第四节 西方白虎的故事

一、西羌民族的虎图腾崇拜

西羌的名称出自《后汉书·西羌传》，由于其主体生活在中国西部，故称为西羌。有史可考的文献，最早见于殷墟甲骨卜辞。西羌也叫羌方、北羌、马羌等。西羌主要活动于陕西西部、甘肃的大部，臣服于商朝，与周民族的姬姓有着密切的关系。大约自夏朝以来，他们便结成世代通婚的部落联盟。周人的远祖首领后稷，其母亲就是有邰氏女，叫姜嫄。有邰氏是羌人的一个支系，姜姓，故称太姜。据记载姜人是支持周人攻灭商朝的一支重要力量。秦人的力量在西周王朝的支持下强大起来，大批羌人被秦人俘作奴隶，爰(yuán)剑便是其中之一。爰剑逃归之后，将学到的农耕技术带回羌地，教会羌民耕种，由此爰剑便成为姜人的领袖。羌民也完成了从游牧社会向农耕社会的过渡。

据古籍记载，远古的几个帝王，除虞舜生于濮州姚墟为东夷人外，其余大都是西羌人。例如黄帝姬姓为西羌人，炎帝姜姓也是西羌人。故远古的黄帝族和炎帝族，都是进入中原的西羌人。姜、姬二姓，是西羌族中世为婚姻的两个大姓，周人姬姓与有邰氏姜姓的联姻，就延续了这种联姻关系。

古西羌人有明显的虎崇拜痕迹。据《后汉书·西羌传》记载，当爰剑逃归时，被秦人追赶，因受到虎神的庇护，才得以顺利地逃回。以后爰剑及其后裔世代为羌王，羌人为感激虎神对爰剑的庇护，世代崇祀白虎。这是羌人崇虎起因的一种传统说法。其实羌人自古以来就以虎作为图腾。长沙南沱大塘的农耕遗址中，发现7000年以前的土陶器上绘有长牙獠人面纹，就被认为是炎帝文化的图象符号。该长牙獠人面纹就是人面虎头纹，被看作是崇虎部族的徽记，因为只有虎豹，才有此獠牙。

在上古时被称为西王母的西方少数民族首领，都是西羌族系统。文献中对这些西王母的描述，大多是母虎形象。例如，《山海经·大荒西经》说："有大山名曰昆仑之丘，有神人面虎身，有文有尾，皆白，处之。……

有人戴胜，虎齿、豹尾，穴处，名曰西王母”。《西山经》又说：其神“豹尾，虎齿而善舞”，“状虎而九尾，人面而虎爪。”(见图31)相传周穆王“十七年西征昆仑丘，见西王母”，曾在瑶池宴请西王母。西王母在宴会上吟诗，述说自己是“华夏古帝”的女儿。这个华夏古帝，应该就是传说中的黄帝和炎帝。

秦汉以后，皇帝自称真龙天子，外出打龙旗、穿龙

⊙图31

明人西王母想像图

注意该神有一条长长的虎尾，嘴里左右各有一对虎牙

袍，所住的宫廷建筑，也到处刻画出龙的形象，现今的故宫博物院，就是生动的实例。这可能是秦汉帝王出自东方，受到较多东方文化习俗的影响所致。周以前的古帝或首领却不是这样。在原始部落里，人们常将本民族的图腾作为徽号，也作为族人的自称。崇拜虎的民族，便常以虎自称。至今仍然如此。如西羌文化的主要继承者彝族，就曾以拉、

罗即虎给自己命名。各部落酋长也常以虎自称。罗罗即虎，通常作为彝族先民的自称。西王母的统治中心在昆仑之丘，这个古帝的下都由神陆吾守卫着，陆吾神“状虎身而九尾，人面而虎爪”(见图32)。

⊙图32
昆仑神陆吾
《山海经·西山经》载昆仑之丘的陆吾神虎爪而人面，昆仑之丘象征西方之地，西方人的图腾象征着虎

《史记·五帝本记》载炎帝、黄帝逐鹿中原时，说黄帝曾率领熊罴狼豹貙虎为前驱。周武王克商的战斗，也曾得到这些以虎为图腾的酋长们的支持。

据历史学家的研究，现今羌族、彝族、纳西族、傈僳族、哈尼族、巴族、土家族、白族、藏族等，都是古羌人的后裔。而这些民族直至近代，仍然保存着虎崇拜的遗迹。彝族自称罗罗，也与虎有关。《山海经·海外北经》说：“有青兽焉，状如虎，名曰罗罗。”《骈雅》曰：青虎谓之罗罗。青近黑。彝族的黑虎崇拜，在古代的文献中即有明确的记载。氐族为羌族的分支，《南齐书》载甘南羌人说：“俗重虎皮，以之送死。”又唐樊卓《蛮书》说：“巴氏祭其祖，击鼓而祭，白虎之后也。”明确地记载了巴人崇祀白虎的习俗。公元6世纪，在青藏高原有一个苏毗国，其女王名叫达甲瓦，意思就是白虎，她也自称为母虎，是虎人的后裔。所有这些事实，都说明古羌人非常崇拜虎。以往有人据汉字羌的笔划上方是羊字为由，认为是古羌人以羊为图腾的标志，是缺乏科学依据的。我们认为，羌字笔划从羊，只是汉字羌读音韵母方面的考虑，与羌人的图腾毫无关系。羌人以虎为图腾，是无法推翻的历史事实。

二、周人与虎图腾的关系

周人是源于西羌的，但是，至今仍有少数人不愿意承认这一历史事实。尽管他们可以承认彝族先民有虎崇拜，西羌人也以虎为图腾，但他们并不承认彝族是西羌后裔，且认为周人并没有虎崇拜的直接证据。正因为有这些不同意见，这里还有进一步阐述的必要。

在四川的西北地区，现今仍有4万羌族人。当然，上古的羌人人数比现今要多，只是在历史的变迁中，大部分西羌遗裔分化融合成其他民族，例如，现今的彝族、白族、纳西族、哈尼族、藏族等。民族史家也大多承认彝族、白族等是古西羌的遗裔，而在这些民族中，古西羌的文化习俗在彝族中保存得最为完整。这是由于他们主要活动在四川大凉山的腹地，直到20世纪四五十年代还保存着奴隶制度，较少受到外界是文化的影响。

当然，古代文献中直接记载周人崇祀虎的地方并不多，但即使如此，我们仍可找到许多崇祀虎的痕迹。例如，周人用于祭祖先和天地的青铜器上的纹饰，前人习惯地称之为饕餮(tāotiè)纹，据前人的解释，它象征贪得无厌的穷奇，而穷奇是被东夷首领流迁四方的四凶之一(见图33)。所谓四凶，正是当时不服舜统治的西方虎民族的四个酋长。近年来

⊙图33
《山海经》中的穷奇神像

考古学家马承源先生指出，将西周青铜器纹饰定名为饕餮纹是不对的，应更名为虎头纹。周人的礼器以虎为纹饰，正是周人以虎为图腾的标志，是周人祖先崇拜的反映。

其次，我们知道，后世天子都自比为真龙天子，在禁宫中以龙为纹饰。但据《周礼·地官·均人》记载，周王处理政事地方的路寝之门则称为虎门，门外画的是虎象。那么周人帝王办公之处就不称龙廷而应是虎廷了。

再次，据《古今图书集成·虎部》记载，周人习惯于在死人墓前立石虎象以镇墓。所有这些，都表明周人有崇虎的习俗。正如唐樊卓《蛮书》所说："巴氏祭其祖，击鼓而祭，白虎之后也。"周人祭祀方面的习俗与樊卓所载相当，说明周人也是虎民之后。以上证据表明，周人是古羌人的后裔，无论是羌人还是周人，以虎为图腾的证据都是确凿的。以"羌"字从羊来解释羌人以羊为图腾，那是违背历史事实的文字游戏。再则古羌人并不懂汉字，他们的图腾想必是不会由汉字怎么写来决定的。

周人及迁居中原的原古西羌遗裔，所留下的虎崇拜遗迹比较少，这一现象正好表明在华夏地区社会日益进步的环境下，图腾观念逐渐消失。实际上，图腾是原始人类的一种宗教信仰，它随着人类社会文明程度的提高而淡忘消失。周人在夏代就担任农官，社会经济发展迅速，其灭殷成为华夏共主之后，文明程度有了进一步提高，图腾意识的消亡是必然之路。

三、西羌族的地域分布与白虎星座分野的关系

古西羌分布在陕西、甘肃、青海和四川西部地区。但古西羌族与现今的羌族已有很大区别，今天的羌族仅生存在四川西北的狭小地域，是人口只有4万左右的少数民族。大部分的古西羌遗裔，已融入汉族和其他少数民族，有的则演变融入现今的彝族、纳西族、白族等。先秦时的戎狄，分解成犬戎、西戎、鬼戎、狄等，与周、晋、燕、齐、卫等国发生过多次战争。

古西羌族的一些支系也向中原地区发展，对中国上古文化产生了重大影响。主要有炎帝、黄帝系统，伏羲、颛顼系统，戎狄党项系统和西南夷系统等。炎黄系统总是伴生在一起，结成世代的婚姻集团，这就是黄帝系统的姬氏和炎帝系有邰氏的姜氏集团。他们主要分布在山西晋南地区、山东鲁南地区、河北中山、邢台地区、河南新郑、开封地区和陕西渭河流域。炎帝的后裔可能有一支迁至湖南，但已与南方少数民族相融合。在华夏地区，炎黄后裔的主要聚居地都建有祭祀其祖先的建筑物，如在陕西眉县、山西稷山县、运城县、闻喜县，都建有姜嫄墓、后稷祠、后稷墓、邰亭等。晋人向北发展以后，又在侯马、太原等地建有台骀庙和圣母祠等。山东费县也有台亭等多处炎黄后裔祀祖之地。

《淮南子·天文训》曰："奎娄，鲁；胃昴毕，魏；觜觿(xī)，赵。"《天官书》曰："奎娄胃，徐州；昴毕，冀州；觜觿参，益州。"《晋书·天文志》说："奎娄胃，鲁，徐州；昴毕，赵，冀州；觜参，魏，益州。"

以上文献从细分来看互有出入，但总的来说，西方白虎所对应的地域可分三块，一块为鲁地，一块为晋地，包括后来的赵、魏二国，另一块为益州地，即益州。西汉时的益州地界很广，包括云南和贵州、四川、陕西的西部和甘肃的一部分。

前已述及，陕西眉县和山西南部是唐人周人的发祥地和活动中心。所以将其分配在西方七宿并且是西方白虎的主星，这是理所当然的。但东周以后关中雍州为秦人所替代，成为秦人的根据地。周宗室只得东迁伊洛，寄居三河中的狭小之地。这个地区原为鸟夷的居地，周王室借居之后，周王室的分野则成为南方分野的一部分。晋鲁为周人的后裔。晋又是在唐人的根据地建立起来的国家，无论是唐人或周人，都是古羌人的直接后裔。羌人崇拜虎，故将西方七宿作为羌人的主星。历史上有名的"三家分晋"，赵占有山西的北部和河北中部及后来从韩国夺去的上党等地，他们都是典型的西羌后裔。魏国的基地在晋南的河曲，是传说中的唐都所在地。其逐渐向东扩展，至河南的北部和中部的开封。正因为魏占有唐人的故地，才成为西方白虎主星的分野之地。韩国以上党为基地，又夺得河南的颍川、南阳及郑国，向黄河以南发展。自从上党为赵占有之后，韩人实际借居了郑国之南部。每一种分野理论的建立，都决定于当时国家的疆域范围。《天文训》以周代为疆界，其余以汉代为疆界。明白了这个道理，就能理解《天文训》为什么不载益州了。

不明白恒星分野理论实质的人，就不理解较晚的分野理论何以将益州补在西方白虎的名下，又将并州补在北方玄武的名下。实际上，这个补充是很有必要的，它不但保证了国家疆域分布的完整性，也促进了分野理论的完善和统一。这是因为，它不仅表明中国西部的领土不能没有益州，更重要的原因还在于益州之民是重要的虎图腾的信奉者。同样道理，《天文训》、北方玄武的分野不载并州，《天官书》、《晋书·天文志》等补入并州也是很必要的，并州不但位在正北方，更重要的是并州为夏人的后裔匈奴的生存地。作这些补充，正是恒星分野观念与民族图腾有关的重要证据。但是将益州补在魏的名下和将并州补在卫的名下又都是不妥当的，正确的办法是觜参对应于梁州，益州，室、壁对应于卫和并州。卫只是河南省豫州的地界，分野与东方七宿之地相接。

《汉书·地理志》在解释鲁地属西方七宿的理由时说："周兴，以少昊之墟曲阜封周公子伯禽为鲁侯。其民有圣人之教化，今去圣久远，周公遗化销微，然其好学犹愈于它俗。"是说鲁地之民受到周文化的教育，而习俗与周相同。实际上，如笔者以上所言，早在周建国之前，已有有邰氏迁居鲁地，并建有邰亭，是鲁地有羌民的物证。这正是将鲁地纳入西方七宿的道理所在。由于鲁地在赵、魏之东，故将鲁之分野置于西方七宿之首。

第五章 三月的星空

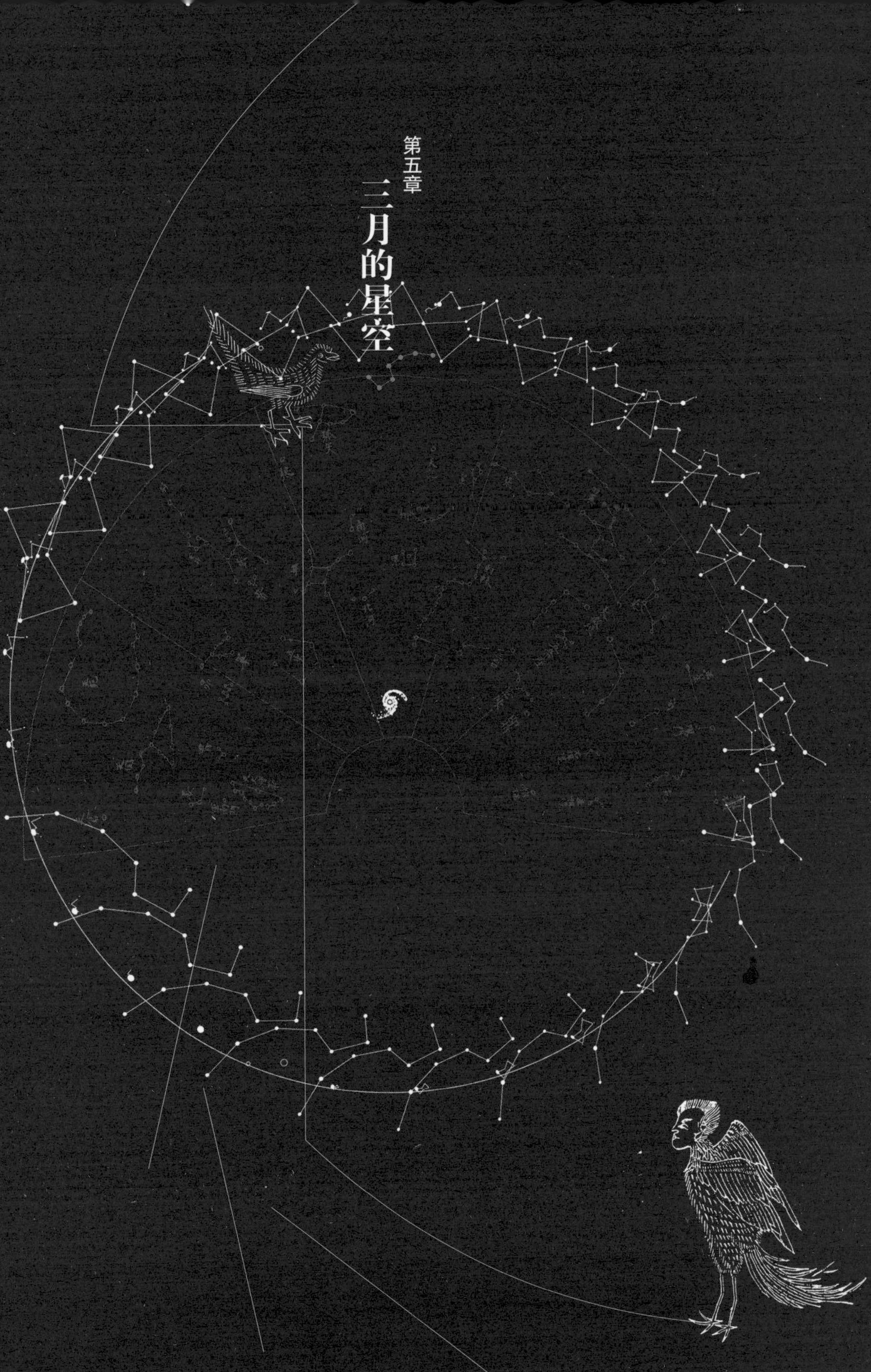

第五章

三月的星空

第一节 井宿与井国

一、井宿和其它与水有关的星座

三月的昏中星是井宿和鬼宿(见图34)。井宿又称东井。井宿八星，在参宿的东北方，井宿的东北为北河，东南为南河，南方有天狼星和弧矢星。与周围的星座相比，井宿各星不是很明亮，其中最亮的一颗星井宿三为2等星，其余均为3等以下的暗星。井就是水井的意思。东井，顾名思义就是东面之井。因为它位于

⊙图34
三月中星图
井宿、鬼宿位于中天，南北河戍也位于中天

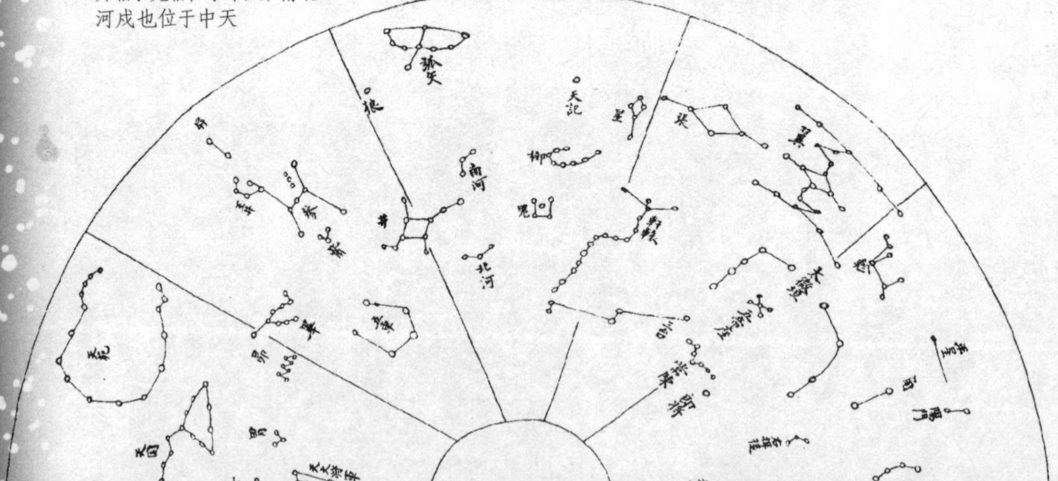

参宿下方玉井的东面，所以得名。从形象来看，在星空诸井中，如军井、玉井等，只有东井的形状最像井，它每边上下各4颗排列成井壁状。

银河在这片星空中，呈西北向东南走向。银河在绕过北方的拱极圈以后，经过了它的最不明亮的部分，井宿正位于银河自西北的天船，五车向东南倾斜流过的一段上。进入这部分星空之后，银河又开始明亮起来。这时，星座中与水有关的星座也开始多起来。例如，井宿本身就是水井。在井宿的东北有北河戍，东南有南河戍。河戍象征着在银河的两个重要渡口上，有守卫员在驻防。在井宿的东面，还有水位四星。在井宿的正南方，又有四渎四星。四渎指的就是长江、淮河、黄河、济水等四条河流，是流经中原地区的四条主要大河。可见，在这个天区范围内，全都是与水有关的星座。

井宿本身虽然并不很亮，但井宿所跨越的范围却是二十八宿中最为宽广的，达到赤经33度之巨。其中，南北河戍则是较为明亮和著名的星座。南北河戍各3颗星，南河戍为小犬座的主星，北河戍为双子座的主星。其中南河三为0.35等，是全天第八亮星。南河二、南河一则分别为3等和4等星。北河戍中的北河三和北河二也很明亮，他们是双子座中的一对孪生兄弟，前者为1等星，后者为2等星。南北河戍都在赤道以北，横跨黄道两边，它们是春季星空的代表星座。

二、井国的故事

中国古代星占学家把井宿类比于天上的水井，这是不成问题的。我们这里需要指出的，是它起源的更深一层含义。何光岳先生在《中原古国源流史》中，已大致认识到井宿与井国的关系。这个井国的始祖，就是曾经帮助周武王消灭商纣王，完成大业后，在其垂钓故地(今陕西宝鸡县渭水南岸磻溪附近)建立国家的姜尚姜太公。井国是一个很古老的国家，井人又是历史悠久的人民。据《世本》曰：“伯益作井。”又《淮南子》注说：“益佐舜，初作井。”是说伯益为打井的创始人。伯益后裔中的一

071

支，于是便以井为氏，这便是井人氏族的起源。殷商时，已有井方，卜辞说：“井方于唐宗彝”。殷王武丁之妃妇姘(jǐng)，就来之于井方。可见早在殷代，井方就是一个重要方国。周灭殷后，井方也被征服，井人大量流散，但井人的势力仍很强大。故在周代时，建有以井人为基础的多处方国。姜尚在宝鸡附近建立的井国便是其中之一。周穆王时，有宠臣井和和井伯，他们的事迹在《竹书纪年》也有记载，近代出土的青铜器井伯盉(hé)，便是重要的史证。

秦人是伯益的后裔。秦人迁居关中，由于为周牧马而发达起来，终于以关中为基地，建立起强大的秦帝国。故南方朱雀的鹑首，主要以井宿鬼宿构成的秦雍州为分野。而地处宝鸡一带的井国，后虽为秦所灭，由于这个历史原因，也成为南方天区中的一个星名。这便是井宿星名的来历。这个井国不但在地理分野上属于井宿，而且井国井人名义的来历，也源于秦的始祖伯益发明造井之术的传说。

第二节 鬼宿和鬼方

一、鬼宿的方位和星占家对鬼宿含义的理解

鬼宿四星，位于井宿和北河的东面，正好处于黄道之上。鬼宿诸星都较暗弱，仅鬼宿四为3等星，其余均为4、5等星。鬼宿在古人心目中的重要价值，就在于利用其判断日月五星的方位，并用以进行占卜。

关于鬼宿在朱雀中的位置，《观象玩占》说：“鬼宿，一曰天目，朱雀头眼”。《天官书》正义也说：“舆鬼四星，天目也”。所以，鬼宿是朱雀的眼睛。眼睛是要长在头上的，故鬼宿也是朱雀的脑袋。

对于舆鬼一名，星占家郗萌有一个有趣而又形象的解释：“弧射狼，误中参左肩，舆尸于鬼。”舆尸即抬着尸体。在西安交大汉墓星图中，在鬼宿之处，画有两人

抬着一个躺着的尸体，就表示舆尸之鬼宿的含义。画中两人抬着的两根抬杆明析可见。

石氏曰：鬼宿“中央色白，如粉絮者，所谓积尸气也。一曰天尸，故主死丧”。又《玉历》说：“舆鬼为天尸。”这就是说，鬼宿是主死丧之星，鬼宿的含义正是表示尸体的。鬼宿主死丧，可能正是源于鬼这个星名的推理。早在先秦时代，人们在鬼宿中就观测到积尸气。所谓积尸气，顾名思义，就是云气。这团云气既然出现在鬼宿之中，应该就是鬼气，一种不祥之气，这是古人对鬼宿中云气的认识。古代星占家常用舆鬼和积尸气明暗的程度来判断死人的多少，以及水旱灾害的状况。明则害大，积尸气中星多，则死人多。星占家也用积尸多少来预测战斗激烈状态和死人多少。

在现今大望远镜的观测下，鬼宿中的积尸气实际并不是云气，而是一组密集的星体。即当今人们所通称的巨蟹座疏散星团。它实际是一组更为遥元的恒星集团。由于各个恒星光线微弱，又聚集在一起，分辩不清，故古人才称之为气。在天气晴朗的夜晚，如果视力又很好，我们也能用肉眼看出它是由一颗颗微星组成的。

二、鬼方的故事

从星座的名称来说，将鬼宿解释为死人的鬼魂，其实是误解。鬼宿之名分明源自鬼方。鬼方是中国殷周时代西北方的少数民族。鬼为鬼方人的自称，也都作为他们的姓。作姓时，大多写作隗(guī)。鬼方在殷周时非常强大，是殷和周的强敌。据历史记载，殷武丁和纣王，也都曾与鬼方发生过战争。周文王、康王和穆王，都与鬼方发生过大规模的战争。周懿王时，曾将国都迁至隗里，隗里当为鬼方居住过的地方。隗里即今陕西扶风县。隗里一名犬丘，秦更名废丘，为秦始封之地。秦以此为基业伐西戎逐渐强大起来。周幽王无道，废申后子故太子宜臼，申侯引犬戎兵杀幽王，复立宜臼为平王。鬼方、犬戎、西戎均临近扶风之地。鬼方、犬戎、西戎，皆戎人的一个支系，也与玁狁相近，他们互相依存，互为消长。

秦占有鬼方之地为基业，与鬼方、西戎、犬戎经过长期激烈的战争，终于平定秦雍之地，成为西方的霸主。按照分野理论，东井、舆鬼，分野为秦、雍州。上面所述东井、舆鬼二宿，分别对应于井国和鬼方，井国在宝鸡地区，鬼方在扶风一带，均为秦国的腹心地带。由此可以看出，只有从恒星分野理论为根据来寻求星名含义的解释，才是正确的解决途径。

第三节 令人着迷的天狼星

一、天狼星和天狼伴星的真面目

在井宿的南面，大约在南纬18°的地方，有一颗全天最明亮的恒星——天狼星，它比织女星还要亮5倍。在古代，它是世界上许多民族崇敬的星神。埃及的天文学，就是在对天狼星的观测中发展起来的。古埃及人发现，每当天狼星黎明前出现在东方地平线附近时，尼罗河的汛期就要到来了。故古埃及人把它当作统管神、鬼、人的女神来予以祭祀。

上世纪50年代，有两个法国生物学家在非洲马里达贡地区的一个与世长期隔绝的原始部落中生活了20年之后，他们在《非洲科学杂志》上发表了达贡老人讲述的关于天狼星的知识，说天狼星由两颗星组成，一大一小，小星绕着大星转动，就像地球绕着太阳旋转一样。他们还说天狼伴星的旋转周期为100年，这个天狼伴星是天上最小而又是最重的星星。达贡老人还讲述了地球绕太阳像陀螺那样运动。木星有4颗卫星，土星有光环等等。他们还讲述了在达贡人中长期流传的荒诞不经的故事。这篇文章发表之后，在整个西方世界引起了轰动。连文字都没有的达贡人，为什么有如此丰富的天文知识？原始部落里的人怎么会知道天狼星的奥秘？

美国考古学家坦普尔得知这个消息也激动不已。

为了研究这个问题，他沿着法国人的足迹重访了马里，并在达贡人中生活了8年。他采访了达贡人的祭师和老人，搜集了许多原始实物，出版了一本《天狼星的奥秘》的著作。书的封面上写着“来自天狼伴星上的智慧生命访问过地球吗”?书中通过讲述达贡人的神话故事，绘声绘色地描述了“天狼星人”驾驶着宇宙飞船来到地球访问的奇闻。书中的这些天狼星人的长相被描述成了神话故事中的鱼美人，有一个半人半鱼似海豚那样怪物的身体，除嘴巴外，还有一个通气的孔。也正是通过这个天狼星人的造访，才将有关天狼星的知识和其他天文知识传授给了达贡人。

后经人们的科学分析研究，天狼伴星的年龄不可能超过3亿年，在这样短的时间内不可能产生智慧生命。达贡人的天文知识，可能源自西方传教士。这些神奇故事与当时流传甚广的令人眼花缭乱的飞碟一样，都只是人们凭空想象编造出来的东西。然而，天狼星确实存在许多引人入胜、令人着迷的内容。经现代测定，天狼星距离我们地球只有8.6光年，是仅次于比邻星(南门二)的最接近地球的恒星。天狼星的半径比太阳略大一些，约120万公里。其表面温度为11000度左右。《天官书》中曾有“白比狼”的记载，已故戴文赛教授曾据此研究过天狼星2000年以来的温度变化。正是由于天狼伴星的作用，造成了天狼星成波浪式运动。天狼星的伴星是美国天文学家克拉克父子于1862年用新制47厘米口径的折射望远镜观测到的亮度约8等的小恒星。它的光度，几乎淹没在天狼星的强大光度之中，所以非常难以观测它，克拉克父子由此荣获了法国科学院的奖章。天狼星的伴星是人类发现的第一颗白矮星，是一颗表面温度很高、半径与行星相仿的老年恒星。白矮星有可能是超新星爆发后留下的遗迹。白矮星已失去能量的来源，仅靠自身体积的收缩维持能量的辐射。随着时间的推移，其表面温度将越来越低，经黄矮星、红矮星到红外矮星，最终

完全熄灭。

二、中国星占家眼中的天狼星

中国古代星占家直接将天狼星比喻为地上的动物狼。天狼星的位置在属井宿的南方，但也紧临西北的参宿。参为虎，虎狼相配，这两个星座是有联带关系的。虎狼都是凶猛的食肉动物，它不但捕食一般动物，也会危害人类，故人们用玉井陷住虎腿，不让其有发威的机会。在天狼星的东南，有弧矢九星。在《天官书》中，弧星只载4颗，没有涉及矢星。可见中国星座的名称至两汉仍在发展。

正因为中国星占家把天狼星比作狼，并设弧矢星相射，以扼其势，故屈原说“举长矢兮射天狼”。东汉天

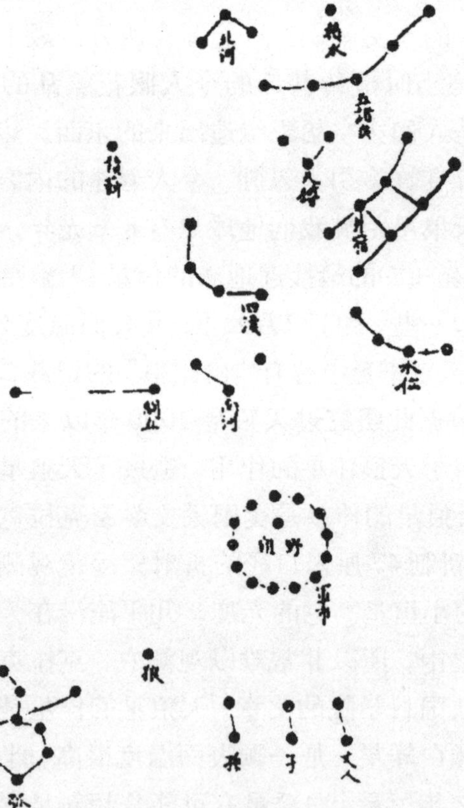

⊙图35

明抄本《步天歌》中天狼、老人星图

天狼、老人为全天最亮的两颗星，东井也很著名。但由于老人偏于南方，很多人不知如何观看它。简单的办法是，沿着东井、天狼的正南方接近地平处寻找

文学家也有“射磻冢(pán zhǒng)之封狼”。故诗人也都有引弓射天狼的想象。弓弦、弓背正中的两颗星与弓背外一颗矢星在一直线上，其延长线正对着天狼星。

中国的星占学家并没有将星座名称与整个星占思想割裂开来，故这个天狼，并不仅仅意味着是天上的一条神狼，它一定要与人间的社会组织和帝王天廷结构相联系。如果看不到这一点，就谈不上对中国星名含义有较深刻的了解。《黄帝占》就将其比喻为夷将；《荆州占》比喻为胡兵；《纪历枢》比喻为野将。这就是说，中国古代的星占家最终将其锁定在胡兵夷将上。胡兵、夷将，就是敌方的军事力量。其弱，中国才能得到安宁。故石氏曰：“狼星一名夷将”。“狼星为奸寇，弧星为司其非。其矢常欲直，狼不敢动，天下安宁，无兵起；若矢不直，弧不其张，天下多盗贼，兵大起，国不宁”。对天狼星本身的要求也一样，“动摇、明大、多芒、变色、不如常，胡兵大讨”。故为了国家的安定，中国的星占家希望看到天狼星暗弱一些。

第四节 老人星的故事

老人一星，也称南极老人星，又称老寿星，南极仙翁。其方位在狼、弧之南，在井宿的距度范围之内。虽有南极仙翁之称，但老人星并非真在南极的位置。由于其纬度很高，达南纬50°余，在黄河以北的地区较难见到，故概称南极老人星。老人星是全天第二亮星，近于−1等星(−0.73)，即使在南京这个纬度(北纬32°)，在春季农历二、三月初昏老人星升到南中最高时，才在南方地平线以上7°的高处。在北京地区是永远看不到它的。在老人星的西北方向，另有丈人、子星、孙星各两颗，与其相配，含有子孙满堂，其乐融融之义。《步天歌》说：“有个老人南极中，春秋出入寿无穷。”明抄本配图中，标出了老人星与井宿、狼星和弧星等的相对位

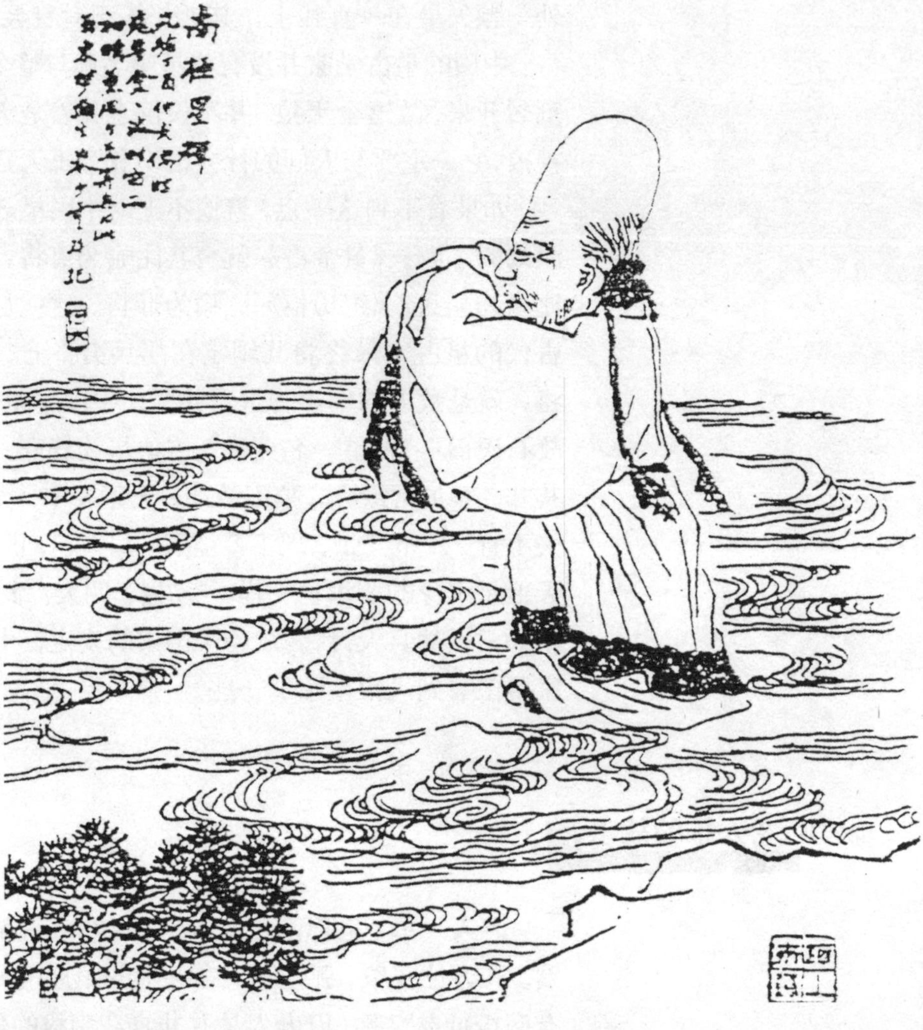

⊙图 36
南极老人星像
引自《介子园画谱》

置，这仍然是一份并不很精密的方位示意图。图中将老人星与丈人、子星、孙星并列在同一纬度上，老人星距井宿的纬度也画得太靠近了(见图 35)。

在元明时的小说中，老人星被进一步神化，《警世通言》中说福禄寿三星能够度世，这个寿星老人能降伏妖魔，乘白鹿升天。《西游记》中的寿星，则被猪八戒呼为肉头老儿。古代传说中的寿星都有高脑门的特点。民间所见寿星的形象，都画作肉头高脑门，拄着弯头长拐仗，有时手中还捧着一颗硕大的寿桃。

有关寿星，至少有三种说法。其一是《天官书》所载西宫“狼比地，有大星，曰南极老人星。老人见，治安；不见，兵起。常以秋分时候之于南郊”。这里说的实际就是以上所介绍的南极老人星，只是《天官书》将其作为西宫的附座，而《晋书·天文志》以后，便作为井宿的附座了。这种变化，其实是岁差造成的。

《晋书·天文志》说：“老人一星，在弧南，一曰南极。常以秋分之旦见于丙，春分之夕而没于丁。见则治平，主寿昌。常以秋分候之南郊。”文中所说只有春秋分时才能见于南郊，这就表明它并不是南方不动之点，仅为所见南方极南之星。按二十四方位表示法，丙的中点在午偏东15度，丁的中点在午偏西15度。均为紧临午的方向。见于丙者，是说老人星黎明时刚从丙升起，随后即隐没于朝霞之中。没于丁者，是说日落的余辉刚消失之时，便见其出现于丁处地平线之上，并很快落入丁处地平线之下不见了。这是在说老人星十分稀有难见。其它方位是见不到的。

第二种说法是指角亢二宿。角亢是六月的昏中星，我们将在第八章中予以介绍。《尔雅·释天》即持此说。原来，角亢二宿所属的寿星星次是十二星次之一，人们便把十二星次中寿星一名，与长寿之义相联系。

第三种说法是指长沙星，长沙星是轸宿的附座，我们将在第七章予以介绍。《晋书·天文志》说：“长沙一星，在轸之中，主寿命。明则主寿长，子孙昌。”在古代，人们对这三种寿星都进行过祭祀，但所说的南极老人星，却只有井宿之南一处，这就是春分夕见、秋分晨见的老人星。出现于农历二、八月，是指两汉时代，由于岁差原因，近代已移至农历的三、九月。《天官书》所说狼比地，就是说天狼星以下刚刚见于地平线处。

《黄帝占》曰：老人星“色黄，明大而见，则主寿昌，老者康，天下安宁；其星微小，若不见，主不康，老者不强，有兵起”。由此可知，人们观测老人星的

⊙图 37
成都市郊汉墓石刻拓片养老图

一个重要目的，是盼望老人健康长寿，而老人的健康长寿，是与国家的繁荣昌盛联系在一起的。故观察老人星，有着个人和社会的双重目的。

东汉养老之风普遍存在，近年出土于成都市郊的汉墓石刻养老图便反映了这一点（见图37）。图中刻画着一个老者手扶拐杖立于树下。其左面有一个仓房，当为储存粮食的库房。前有一人手捧器皿，向老者走来，当为政府向老者施舍粮食的象征。这个老者穿戴整齐，不象是无依无靠穷乏无助的老人。说明汉代时是注重尊养老人的。

《续汉书·礼仪志》说："明帝永平三年，上始帅群臣躬养三老、五更于壁雍。"刘昭注曰："三老，老人知天地人事者"，"五更，老人知行更代之事者"，"皆年老更事致仕者也"。《祀记·文王世子》曰："遂设三老五更"，郑玄注曰："三老五更各一人也，皆年老更事致仕者也"，"皆老人更知三德五事者"。孔疏曰："三德，谓正直、刚、柔；五事，谓貌、言、视、听、思也"。由此看来，从周代开始，就有尊养三老五更的传统。当然，这些三老五更，大多是致仕的官员，或有知识有身份的人。关于三老还有一种说法是，120岁为上老，100岁为中老，80岁为下老。《续汉书·礼仪志》又曰："仲秋之月，县、道皆按县比民，年始七十者，授之以王杖，铺之糜粥。八十、九十，礼有加赐。王杖长九尺，端以鸠鸟为饰。鸠者，不噎之鸟也。欲老人不噎。是月也，祀老人星于国都南郊老人庙。”可见尊养三老五更，不只在国都附近，还要推广到县级政府以下和边远的少数民族地区。当时，每年的仲秋之月，都要在国都南郊老人庙，举行尊老和祭祀老人星的活动，并在南郊建有老人庙。尊老仪式是指全国各地都要向70岁以上的老人授王仗，送糜粥。在首都，皇帝还要亲自在祭祀之地辟雍，宴请三老五更。

从以上养老图中，可以看到一个老者所拄的拐仗。拐仗在古代通称鸠杖，这是因为拐杖上面饰有鸠鸟之故。汉代的尊老，是得到皇帝提倡的，政府每年都要向老者赠送一根拐杖，以示政府对老人的尊重和关爱，故鸠杖亦称王杖。据记载，鸠杖长九尺，近年在甘肃武威汉墓中曾出土鸠杖三根，皆长194厘米，直径4厘米，与文献所载九尺相当。

《风俗通义》还记载了皇家赐老人鸠杖这一风俗的来历。相传汉高祖刘邦与项羽争夺帝位，战败于京、索之地的洛阳和荥阳之间，便躲藏在草丛之中，项羽率兵追杀过来，见鸠正鸣叫于草丛之上，便以为有鸠在上鸣叫，其间肯定无人，由此高祖才得以逃脱。刘邦称帝之后，追忆此事，感谢鸠鸟救命之恩，故作鸠杖以赐老者。这则故事，同时也说明了刘邦出生于沛县，为少昊氏之后裔，鸟为该民族的图腾，其子民受到图腾神保护。这类传说在古代神话中是累见不鲜的。

第五节 轩辕星和黄帝的故事

在鬼宿、柳宿、星宿的北面，有轩辕十七星。它是西方狮子座的主体部分。其轩辕十四星即狮子座α星，为全天著名的大星之一，为1等星，排在第21位。轩辕星与北斗星的位置也很接近，中间仅隔着三

⊙图38
炎帝像
引自《三才图会》

台星。通过北斗七星，也可以较容易地找到轩辕星，天权星与天玑星连线延长约10倍之处，便是轩辕十四的位置。轩辕十四正好位于黄道之上，距离秋分点之西约30°的地方。介于秋分点与鬼宿的中间。正是由于黄道通过轩辕星的南部，为日月五星运行必经之星，所以古代的星占家对其很重视，有关其凌犯的天象记录也很多。

熟悉中国古代史的人都知，轩辕为黄帝的号。相传黄帝氏姬姓。生于炎帝势衰的时代，从而取代了炎帝对中原的统治地位。后又因蚩尤作乱，黄帝又联合了炎帝等部落，与蚩尤战于涿鹿，击败了蚩尤，炎黄二帝于是成为华夏民族拥戴的共祖。黄帝又是传说中的五帝之一。关于五帝有多种不同的说法，据《礼记·月令》记载，东方太昊其色青，南方炎帝其色赤，中央黄帝其色黄，西方少昊其色白，北方颛顼其色黑。由此便将上古之五帝与黄道带的五方和一岁中的五季相对应。五季中的季夏配为黄色，取季夏作物成熟，呈黄色之义。由此黄帝便与季节中的季夏相联系。季夏介于夏季和秋季之间，在黄道带对应的天区夏季为朱雀，秋季为白虎。那么，黄色所对应的天区应该介于朱雀和白虎之间。这一原则，正与苍龙、轩辕、朱雀三者之间的分布相合。应该明白，四象与二十八宿间的对应关系，是后来才形成的。如果以五象分配二十八宿，就不应该是每象七宿的分配方式。事实上，无论是四象还是五象的观念，都是形成于二十八宿产生之前。现今看来如果将黄道带分成苍龙、朱雀、轩辕、白虎、龟蛇，似乎并不完全等分，但在三代以前，北极星在斗魁和左右枢轴之间的时代，当时朱雀、轩辕所占有的赤经范围要更广阔，北方、西方所占天区比现今也要小一些。故将其配为五象应该大

⊙图 39
黄帝像
黄帝号轩辕，故轩辕星在南方朱雀与西方白虎之间，象征着黄道五方星中的一方。引自《三才图会》

致相合的。当然，如果那时以轩辕为五象之一，现今所用之井宿鬼宿就不属朱雀的范围。由于轩辕配为黄色，故这个星座又可称为黄龙体。轩辕十七星象一条自西北向东南游动飞翔的黄龙，故石氏曰轩辕为龙蛇形，《黄帝占》曰："轩辕十七星，主后妃，黄龙之体"。由于黄色属中央土，在五行中属阴性，故这个轩辕星座在星占术上又将其比附为后妃，女主之象。有天象犯轩辕，就预示着犯后宫，女主有忧等。

农历三月、四月、五月的昏中星，对应于南方七宿的井、鬼、柳、星、张、翼、轸七宿。按照四钩二宿、四仲三宿的大致分配原则，前二宿对应于三月，为鹑首星次，中间三宿对应于四月，为鹑火星次，后二宿对应于五月，为鹑尾星次。鹑首、鹑火、鹑尾，实际是将南方朱雀这只大鸟分为头，身、尾三个星次。井鬼为鹑首，首就是头，上一章我们在介绍鬼宿时，就曾涉及到鬼宿为鸟头之事，可见它们之间确实是对应的。

本月的昏中星大致对应于柳宿、星宿、张宿。也对应于鹑火星次。鹑火为鸟身。五月则对应于翼宿和轸宿，也对应于鹑尾星次。读者可能对南方三个星次都以鹑字命名不大明白。其实先秦时代人们习惯于以鹑鸟的出没定季节。在《夏小正》的物候中，就有几条以鹑鸟定季节的。鹑鸟就是鹌鹑。南方七宿之朱雀，原本就是指鹌鹑。只是后来人们的观念发生了变化，才以凤凰代替鹌鹑为朱雀。为了讨论星名性质分类的方便，也是为了讲解故事的完整性，我们将翼宿也合并到本月一起介绍。

第六章

四月的星空

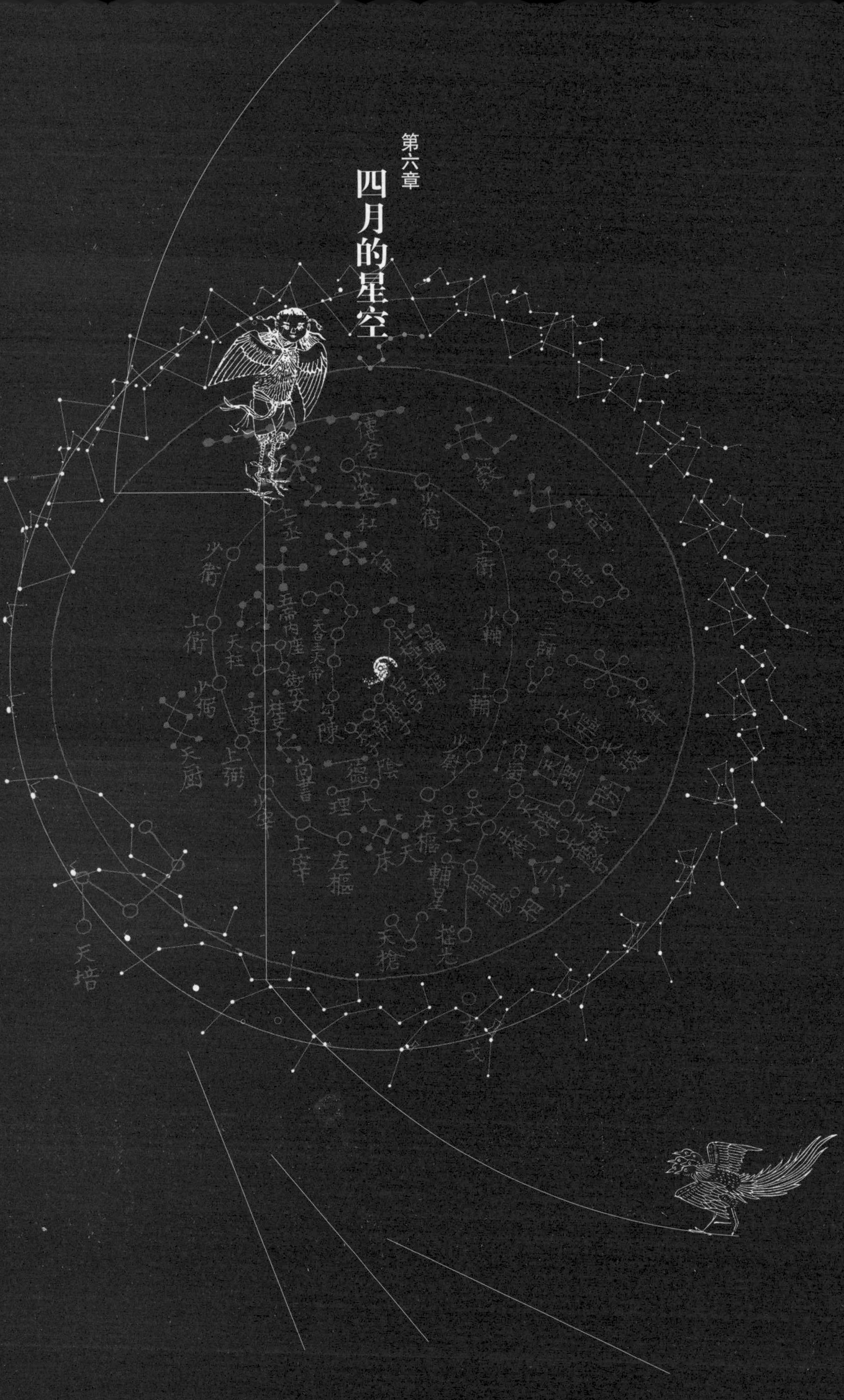

第六章

四月的星空

第一节 柳宿和皋陶六国

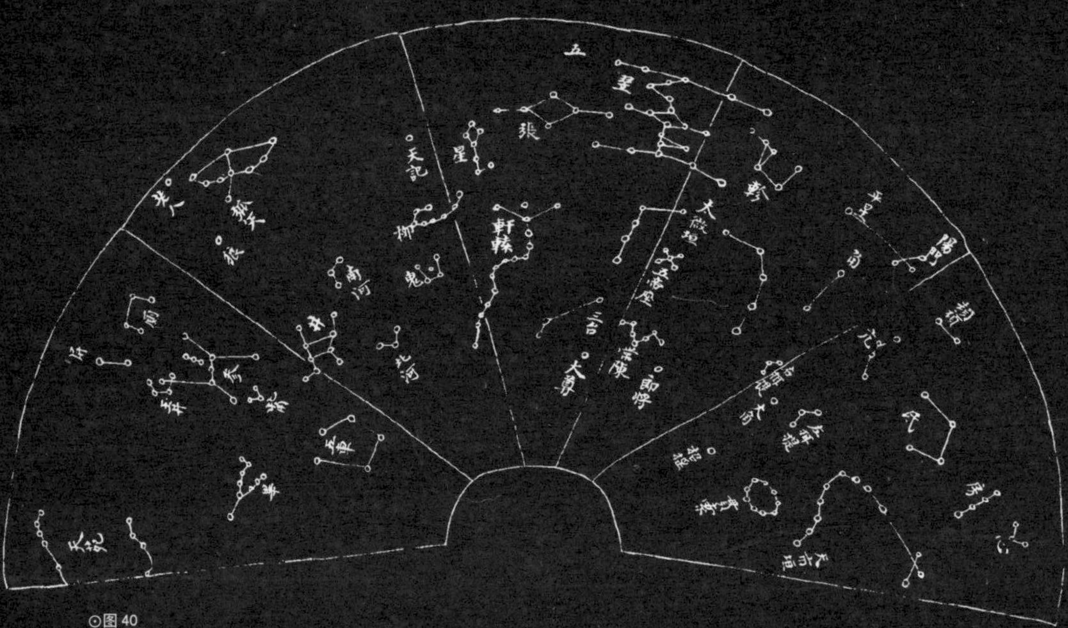

⊙图40
四月中星图
柳、星、张、翼四宿位于南中，轩辕星也正位于北方中天

四月的昏中星是柳宿、星宿、张宿和翼宿(见图40)。柳宿八星，在鬼宿的东南方，其东北为雄壮的轩辕座，即西方的狮子座。柳宿在赤道的北面，黄道的南面，但是更靠近赤道。《天官书》曰：“柳为鸟注。”注为咮(zhòu)的异写即鸟嘴。故《左传》注疏曰：“柳谓之咮；咮，鸟口也。”正因为柳宿为朱鸟之口，中国星相学家又在柳宿的东北方设酒旗三星，又在东南设天稷五星。石氏曰：“柳主上食，和味滋，故置天稷以祭祀。”故柳宿在星点学上是作供养祭祀之用的。与柳宿相配，酒旗为宴会上的酒官和旗官，稷星为农官，主五谷丰欠。

⊙图41
皋陶像
引自《三才图会》

从前面几章的介绍可以看出，二十八宿星名的来历，大多与中国上古民族部落和由他们建立古国的地域分布有关。它们所以这样命名，是与星座的地理分野思想密不可分的，例如，东方七宿的星名，与东夷民族各支系的分布及其所建立的国家有关，房宿与房国，箕宿与箕国等；北方七星之危宿与三危人等；西方七宿之奎宿与邽人，娄宿与娄人、大陵与赵人、毕宿与毕万等；南方七宿之井宿与井国、鬼宿与鬼方等，都有着密切的对应关系，那么这个柳宿星名，又应该是个什么含义呢?我个人认为，柳是皋陶后裔建立的六国之六字的同音异写，柳宿就是六国在天上对应的星座。

据文献记载，在江淮之间，分布有淮夷，英夷，六夷等，他们都是鸟夷的几个分支。西汉时，在六夷人居住的地域，建立了六安郡，其范围在淮河以南，合肥以西的安徽中部，也包括今河南东南部的一部分地区在内。周武王灭殷以后分封诸候，在该地区建有六国，其国君为帝舜大臣皋陶之后，偃姓。公元前622年六国为楚所灭，成为楚国的一部分，由这个偃姓可以推知，她与嬴姓同以燕子为图腾之鸟夷的后裔，故天文学家将其族名和国名作为南方朱雀七宿之一的的星名。

鸟夷中以燕子为图腾的支系，最早起源于河北燕山一带，以后逐渐南迁。少昊氏迁居山东曲阜，成为华夏部落联盟的大酋长。其曾孙皋陶，也出生于曲阜，他辅佐帝舜和帝禹，声望卓著，曾被禹选为接班人(见图41)。皋陶的长子益，也曾与皋陶同朝为官，因调驯百鸟有功而受到封赏。皋陶去世以后，禹又将益选作自己的接班人。由于鸟部落人口繁衍迅速，益便从偃姓部落中分出，以嬴为姓，成为秦人之祖。其实，嬴与偃也为同音异写，而偃姓的后裔仍奉皋陶为祖，他们继续向南发居。据《帝王世纪》曰：皋陶死后，“葬之于六，禹封其少子于六，以奉其祀。”该地名为六的来历，一说皋陶少子排行第六，故以为名；另有一说是其后裔自陆地迁来，故名之为六。偃姓为以燕为图腾少昊族之正支，其后裔除建立六国外，还有英国、舒国和蓼(liǎo)国等，故天文学家给南方七宿命名时，将柳(六)作为星名的代表。

六人所生存的地区，后世对应为六安。在《晋书·天文志》中，六安属北方之女宿，江淮分野属北方七宿的理由，是因为越人为禹后，是夏人的后裔。但六人是徐淮夷少昊的后裔，显然《晋书·天文志》的细分有误，六安应属南方翼轸之分野楚地。按分野理论，柳星张为三河，三河即河内、河南、河东，而六国尚属河南之地。又据《开元占经·分野略例》引皇甫谧曰：“鹑尾，一名鸟注，一名天根，一名旄，一名柳。”这就是说，柳宿也有属鹑尾的分法，楚属鹑尾。六安属楚地，又同奉鸟为图腾，故在分野上是对应的。

第二节 星宿、张宿和张城

一、星宿——咽喉要道

星宿又名七星，由7颗星组成。在柳宿的东南方，与柳宿分列赤道南北。《天官书》曰：“七星，颈，为员官”。索隐引宋均曰：“颈，朱鸟颈也。员官，喉也。物在喉咙，终不久留，故主急事也”。喉在颈部，下咽之通道，故事关紧急。如果不能下咽，将会堵塞食道，引起生命危险。

也许大家会有这样的疑问，在二十八宿中，其它各宿都有专名，为什么独该宿称之为星宿？笔者以为，星宿的专名为七星，七星也是中国星座中正式星名之一，就如参宿一样，参宿实际就是三星。

二、张宿与张城的故事

张宿六星，在七星东南，中间的4颗星，呈四边形，四边形之对角外各有一星，组成梭子状。《天官书》曰：“张、嗉，为厨，主觞(shāng)客。”其意思是说，张这个星宿，是朱鸟的嗉子。索隐引郭璞曰：“嗉，鸟受食之处也”。受食之处也就是承接食物的地方，即胃。事实上，张宿六星，一至四星组成一个方形的容器，五、六两星为上下连接之处，正象征着朱鸟的胃。“为厨，主觞客”，这是星占家对张宿含义的延伸和发挥。由于张宿是盛食物之处，故推理为主管制造食物的官员，又负责招待客人。

作为动词，张的主要含义为伸张；作为名词，主要用在姓氏上，将张作为星名，这是很特别的，也是难以理解的。它与鸟或胃的含义均不相涉，与厨和觞客也毫无关系。将张作为星名，在这里就得不到合理的解释。为了弄清它的真实含义，我们就不得不另外寻找来源。

《史记》载有张地，即张人的地域。不但有张地，而且有张城。据《史记·曹相国世家》记载，韩信攻魏，就曾驻军于东张城。集解引徐广曰：“张者地名。《功臣表》有张侯毛泽之”。即西汉时有毛泽之这个人被封在张地为侯。裴骃曰：“苏林曰属河东”。正义引《括地志》曰：“张阳故城，一名东张城，在蒲州虞乡县西北四十里”。《竹书纪年》也记载说，周襄王“二十二年(公元前630年)，齐师逐郑太子齿，奔张城”。按《替夫论》的说法，河南解县有东张城、西张城。由此看来，这个张地位于黄河大拐弯处蒲城以东的解县，旧属河南省。为河东的一部分，该地原为张人的居住地，有功臣封于此，故称张侯。张侯于此建有城市，故称张城。据称这个张城当为张人始居之地。《史记·天官书》说：“柳、七星、张，三河也。”三河为河东、河内、河南。那么，张城正是张宿的分野范围。故张宿之名，当源于张姓之人及其居地。

据古史记载，张姓源出于黄帝之子青阳氏第五子挥。挥发明了制弓的技术，为弓正，因姓张氏。张氏以造弓矢为业，用以猎取禽兽。主祀弧星，世掌其职，故以张为姓。弧矢位在井宿以南，不但远离赤道，更远离黄道，只能另设张宿作为二十八宿之一，用以代表张人的居地。

笔者认为，张姓是华夏族中少数几个大姓之一，这个姓氏人口众多，也与其后来不断有其他姓氏或其他民族部落融入有关。张姓的壮大，还和西周江汉地区的章越加入有关。章越为百越中的一个支系，当楚国兴起时，熊渠自称楚王，分别封其三子为勾亶王、鄂王和章越王。这便是正式建立章国的开始。章人因受到楚人的打击，便逐渐向东、向南发展，故安徽、江西等地均有豫章之称，皆因章人的迁入而得名。章与张读音一致，均为平声，故星占家将其作为星座之名时，均写作张。

据《乙巳占》细分二十八宿之分野说，张宿的分野为衡山。这个衡山并非现今湖南之衡山，据有人研究，秦汉之际的衡山国的治所在邾，即今湖北黄冈一带。其地域当在湖北东部红安、黄冈以东，东至安徽霍山，南至长江，北至淮河，与东面的六安郡相连接。由此看来，《乙巳占》所载张宿之分野在衡山国，就是指原先的章越国，二者的地域是一致的。那么，将张宿之星名与其分野章越之地相联系，也就有一定的依据了。

第三节 翼宿——朱雀的翅膀

翼宿二十二星，在赤道南。由于星数众多，散布在一个较广大的空间。其西为张宿，东为轸宿，北方太微垣。从鬼宿经柳宿、星宿、张宿至翼宿，确实象一只展翅飞翔的大鸟。鬼宿为鸟的头眼，柳宿为鸟嘴，七星为鸟的脖子，张宿为鸟的胃和身体的主干部分，翼宿为鸟翅及鸟尾。

朱鸟这只大鸟，虽然有形象的头、眼、脖子、身体和尾翅，但它的尾巴是与羽翅连在一起的，分辩不清，并不象后世所画朱雀那样，有一条长长的尾巴，这个朱

雀星象的实际形象，也表明了它确实象鹌鹑，而不象凤凰。故星占家直接将朱雀分为鹑首、鹑火、鹑尾三部分是有依据的。

表示朱鸟的鬼宿、柳宿、星宿和翼宿诸星，都比较暗，它们是二十八宿诸星中较暗的部分，最亮的星宿一和柳宿六、翼宿五等，也只是3等星，其余都在4等以下。

翼宿所对应的分野为楚，荆州。楚国后来的领土很大，翼主要包括南阳、南郡、江夏地区，即汉水中下游一带。《列宿说》曰："翼主蛮夷。其星动，则蛮夷来见天子者"。与此相对应，在翼宿的南方，还有东瓯(ōu)五星。"瓯"是浙江温州地区的通称，古代为东越人的居住地。越人支系中也有鸟夷相混杂，故百越中也有以鸟为图腾者。

南方七宿中最后一个星宿为轸宿，长沙为轸宿之附星。长沙为楚地，长沙的分野在翼轸之楚地，这也表明了恒星分野上严格的对应关系。在轸宿的东南方，还有青邱五星。《开元占经》说："青邱，南方蛮夷之国号也"。说明不但南方七宿诸星与南方鸟民族的地域相对应，即使二十八宿外的附座，也都尽量与地域相配合。

第四节 南方朱雀的故事

一、鸟夷民族的鸟图腾崇拜

据何光岳《东夷源流史》研究，远古东夷族可分为三大支系，为人夷、鸟夷和郁夷。人夷在夏以前曾经非常强大，为东夷族的正支。以后受到夏商周三代的排抑，逐渐消亡而融合于华夏族。郁夷又作嵎夷或禺夷、番禺，三代以后逐渐退出中原地区，向西向南迁移，在中亚的大月氏、广东的番禺和广西的郁林等地，都留下了他们后裔的踪迹。我们现在要重点述说的是鸟夷。随着人夷、郁夷的衰落和外迁，在商周时代，鸟夷则强大起来，他们广泛地分布在东从山东以南的黄河以南地区，直到陕西的渭河流域的广大地区。商周所说的东夷，主要就是指鸟夷。他们以各种类型的鸟名作为自己的图腾。例如，最为强大的有以燕子为图腾的支系，以偃、嬴等为姓氏。以凤凰为图腾的支系，以风为姓氏。另有众多的夷人生活在淮河地区，通称南夷或淮夷。

当陶唐氏衰落之时，东夷族的舜兴盛起来。舜即俊，帝舜即帝俊。俊也写作鵔，称为丹鸟，是凤凰的一种。史学家杨宽在《中国上古史导论》中说："帝俊本亦即帝舜，郭璞以俊为舜字者，盖见《大荒南经》称'帝俊生三身之国，姚姓'。帝舜曾担任戎夏及东夷众多的部族大联盟的首领，这是鸟夷族的鼎盛时期。以至于商代时，把俊奉为天帝，常常向他祈祷。看来，俊的地位，在鸟夷中是极高的，故俊被当成极意，所以'殷人禘舜而祖契'。"当夏后氏兴盛之时，帝舜的部落受到排拆和打击，便逐渐南迁，故有死葬苍梧山之阳，其子商均葬于阴之说。

与舜同时代，也以鸟为图腾的支系首领名为益，也称伯益。据《史记·秦本记》称，益为秦民族的祖先。秦本是东夷民族迁居西土形成的，这在《秦本记》中也作了明确的交待。据说益本人就是从天上降生的玄鸟即燕子，故《汉书·地理志》说"伯益知禽兽"。《后汉书·蔡邕传》说伯益"综声于鸟语"，"能为百鸟之声"，故能"佐舜调驯鸟兽"，成为"上下草木鸟兽"之长。《元和姓纂》曰："鸟俗氏，伯益仕尧，有养鸟兽之功，赐姓鸟俗氏。"以后的嬴氏诸姓，都是从燕子之名称演化而来。伯益的后裔，建立强大的秦国。商人和秦人都自认为玄鸟遗卵，远祖母吞而生孕，才有了自己的后代。商人的远祖契，曾佐禹治水有功而被封于商。契与伯益曾共仕禹，那么，他们是同以玄鸟为图腾的少昊氏的不同支系。这一点是比较确定的了。

在流传至今的华夏古帝中，有一个名叫高辛氏帝喾的古帝，《帝王世纪》说"帝喾击磬，凤凰舒翼而舞"，故他也是鸟夷的一个首领，喾同鹄，鹄即天鹅。可见帝喾的部落以白天鹅为图腾。

⊙图 42–1
《山海经·海外南经》羽民国神像

在《山海经》中，有许多先民以鸟为图腾的民族的记载，例如，《海外南经》说："比翼鸟在其东，其为鸟青赤，两鸟比翼"。"羽民国在其东南，其为人长头，身生羽"。"毕方鸟在其东，青水西，其为鸟一脚"。"讙头国在其南，其为人人面有翼，鸟喙"。《大荒南经》也说："有羽民之国，其民皆生毛羽。有卵民之国，其民皆生卵"。"人面鸟喙"(见图 42)。这些羽民国、卵民国、讙头国，不管是在黄河以南还是长江以南，多半都在当时中国的南方，故载在海外之南或大荒之南。从方向和动物的名称来说，它们与四象中的南方朱雀都是相对应的。

蛮人是中国远古活动于黄河流域的部落群体。后来被羌戎、东夷等部落联盟击败南迁于长江中游地区。故被称为南蛮。以后大多数蛮人加入华夏集团成为汉人，少部分与其他民族融合，成为南方的少数民族。早在远古时，在蛮人部落中，就有讙头、丹朱、祝融、楚人等加入，成分十分复杂，故有九夷十蛮之说。逐渐形成所谓三苗、九黎、僚集团等。由于成分复杂，其图腾信仰也很复杂，有鸟、蛇、虎、熊、犬等图腾。前已述及，由于颛顼、帝俊、讙头等少昊民族的加入，南蛮集团，尤其是在僚族系、巴族系和苗蛮族系中，鸟崇拜的现象仍然十分显著，这就是为什么在广大的南蛮地区崇尚鸟

⊙图 42–2
羽民捉鱼图
引自《山海经图集》

图腾的道理所在。

二、鸟夷民族的地域分布与朱雀星座的关系

根据以上介绍可知，鸟夷原本生存于河北、山东一带，随着夏人、周人势力的扩张，鸟夷的少昊族便被迫向南向西迁移，其中帝俊族人和灌头族人南迁，就是一个明显的事例。大量的少昊族人移居于淮河流域的广大地区乃至长江中下游以南，故河南的中部和南部、山东南部、安徽的北部和中部、江苏的北部等地，就是先秦时以鸟为图腾的六国、英国、舒国、蓼国、郾子国、徐国、郯子国、江国、黄子国及淮夷中诸东夷鸟图腾民族的生存地。

据《秦本记》记载，秦本伯益的后裔，故属于鸟夷的后代，他们以玄鸟即燕子为图腾。不过，与其它鸟夷分支被迫迁移不同，伯益的后裔西迁的原因有些特殊，是受到西周王室的封赏和重用所致。周人东迁之后，秦人得以在秦、雍这两块土地(即陕西和甘南)上生存繁育和发展。秦征服了巴蜀，又在四川中部和东部、云南、贵州西部的富饶地区进行了开发，所以这些地区也都属于秦人的地区，为古代雍州的一部分。伯益以鸟为图腾，伯益又是秦人的远祖，故从分野上来说秦应属南方朱雀。

当然，据《汉书·地理志》记载："南贾滇、僰僮，西近邛、莋马旄牛"，"地杂氐羌"，除秦人开发之地以外，很多土地仍为西方氐、羌人所有。这便是《乙己占》所述"故参为魏之次野者，属益州"的道理所在。其小注曰："为益州，非魏地也。益州地尽在秦楚次中，以魏为益州，未详其旨。"也就是说，早在秦汉时，星占家对于川黔滇的分野，就有属秦即南方朱雀、属魏即西方白虎的两种不同意见。《晋书·天文志》则将益州之巴、蜀、越、汉中等都归属魏即西方白虎分野。而归入南方朱雀分野的理由则是这些地区是秦国的领土。事实上，在云贵川地区，崇祀虎和鸟的民族都有分布，比如崇虎之氐羌系的民族分布在云贵川的西部，以鸟为图腾的巴蛋、濮僚等分布在东部。

西周灭亡之后，周王室实际已经丧失了自己的根据地，寄居于洛阳偃师一带狭小的地区。后又为秦国所灭，成为秦国领土的一部分，而这些地区，自古就是南夷西迁分布地之一。就偃师的地名，即可知其为偃人即以燕子为图腾的少昊族后裔的分布地。故春秋战国时的周地实属南方朱雀之分野。

楚以江汉之地起家，以后向东向南扩张，占据了西起汉水东至大海、南至长江以南的广大地区。楚为少昊氏重黎祝融的后裔。是帝俊、灌头后裔的分布地。故楚为南方朱雀之分野理所当然。

《淮南子·天文训》说："东井、舆鬼，秦；柳、七星、张、周；翼、轸，楚"。黄道带南方朱雀七宿的恒星分野，正是与鸟图腾崇拜的少昊族后裔的分布完全对应的。

三、唇亡齿寒的故事和以鸟星定季节的方法

《尧典》载分命羲和四子，观测四方以定时节。这个四子就是四方之神，也就是二分二至之神。殷代有四方风，也有四方神，与观测定四季有关，楚帛书也载有分至四神。这些说法都是互相对应的。《左传·昭公十七年》载昭子问少昊氏为什么以鸟命官?郯子回答说：因为他是我的祖先，他的事我知道。从前，黄帝氏接位的时候，有云的吉兆，所以用云纪事，设置各部门长官，也都用之来命名；炎帝氏接位的时候，有火的吉兆，所以用火纪事，设置各部门长官，也都用火来命名；共工氏接位的时候，有水的吉兆，所以用水来纪事，设置各部门长官，也都用水来命名；太昊氏接位的时候，有龙的吉兆，所以用龙纪事，设置各部门长官也以龙来命名。我的高祖少昊氏挚继位的时候，正逢凤鸟来到的吉兆出现，所以就用鸟纪事，设置各部门长官也都用鸟命名：凤鸟氏，就是历正；玄鸟氏，是掌管春分、秋分的官；伯赵氏是掌管夏至、冬至的官；青鸟氏，是掌管立春、立夏的官；丹鸟氏，是掌管立秋、立冬的官。(吾祖也，我知之。昔者，黄帝氏以云纪，故以云师而云名；炎帝氏以火纪，故为火师而火名；共工氏以水纪，故为水师而水名；太昊氏以龙纪，故为龙师而龙名。我高祖少昊氏挚之立也，凤鸟适至，故纪於鸟，为鸟师而鸟名。凤鸟氏，历正也；玄鸟氏，司分者也；伯赵氏，司至者也；青鸟氏，司启者也；丹鸟氏，司闭者也。)又杜预《集解》曰："凤鸟知天时，故以名历正之官。玄鸟，燕也，以春分来，秋分去。伯赵，伯劳也，以夏至鸣、冬至止。青鸟，鸧鴳(cāng yàn)也，以立春鸣、立夏止。丹鸟，鷩(bì)雉也，以立秋来，立冬去，入大水为蜃。上四鸟，皆历正之属官。"说的也是人们曾利用凤鸟、玄鸟、青鸟、丹鸟四种鸟来命名春夏秋冬四时之官。杜预的解释，是根据四种鸟在二分二至时，各有不同的出入鸣叫，用来为作物候。

上古文献用大火定季节的记载较多，但用鹑火星定季节的比较少，就我们所见，仅《左传·襄公九年》一处：鲁襄公九年，晋悼公向士弱询问说：我听说，宋国发生火灾，由此就知道了天道，这是为什么？士弱回答说：古代的火正，(人们祭祀他们的时候)或者用心宿来陪祭，或者用柳宿来陪祭，因为火正运用它们来决定火出和内火的时间早晚。所以，柳宿为鹑火星次，心宿为大火星次。古代陶唐氏的火正阏伯，居住在商丘，一方面以大火星作为自己的族星对它进行祭祀，另一方面又随时观测它的出没方位，用于纪载时日。相土继承了他的事业，所以商人主祀大火，并用大火纪时。商人多次观察大火星所出现的变化，用以判断他们社会祸乱失败的预兆，这个预兆，一定是从火灾开始。(晋侯问于士弱曰："吾闻之，宋灾，於是乎知天道，何故？对曰：古之火正，或食於心，或食於咮，以出内火。是故咮为鹑火，心为大火。陶唐氏之火正阏伯居商丘，祀大火，而火纪时焉。相土因之，故商主大火。商人阅其祸败之衅(cuàn)，必始於火。)

这里所介绍的火正用以确定时节的方法，肯定是属于鸟夷的。那么，鸟夷用以确定时节，为什么有用大火星、或用鹑火星两种不同的方法呢？原来，鸟夷原本就是从东夷中分出来的。东夷以大火星定时节，鸟夷继承了这一传统，故鸟夷祀大火。而同时又祀鸟星，并以鸟星定时节，是鸟夷从东夷中分出之后作出的发展。由于大多数荆楚人都是从东夷族分出的鸟夷，这就容易解释为什么东夷人祀大火，以大火星定季节的天文官称为火正，而荆楚民族的天文官也称为火正的道理所在。楚人的天文官，既祀大火，又祀鹑火，称为火正，也就理所当然了。

孔颖达疏"咮为鹑火，心为大火"曰："《月令》季春之月，日在胃，昏七星中。……鹑火星昏而在南方，于此之时，令民放火，星为火之候，故于十二次为鹑火也。建戌之月，即《月令》季秋之月，日在房。……九月，日在房，房心相近，与日具出具没，伏在日下，不得出见，故令民内火，禁放火也。火官合配其人，盖多不知谁食于心，谁食于咮也。此传鹑火、大火共为出火之候，故唯指大火，以解出、内之文，故其言不及咮也。"

准确地说，《周礼》之注记载的内容并不完善，实际上，无论出火、内火，大火星和鹑火星都是判断季节的标准。对三月出火而言，大火星为昏初见，鹑火为昏南中天。对九月内火而言，大火星偕日出没而不见，鹑火星则旦中。这是《左传》"古之火正或食于心、或食于咮"之正解。由于后世不传，上古以鹑火定季节的方法几乎完全失传了。

《左传·僖公五年》(前655年)记载了一段真实的历史故事：晋献公再次向虞国借道去攻打虢国，虞国的大臣宫之奇劝阻虞公说："虢国是虞国的外围，虢国灭亡，虞国必定跟着完结。晋国的野心不能满足，我们不能轻易引进外国军队。晋国的侵略行为一次就已经过分了，难道还可以来第二次吗？俗话说'辅车相依，唇亡齿寒'，说的就是虞国和虢国的关系啊。"虞公不信，说："晋国是我的宗族，难道会害我吗？"宫之奇回答说："(吴祖)太伯、(我祖)虞仲，都是太王古公的儿子，太伯没有跟随在侧，所以没有嗣位。虢仲虢叔为文王之父王季的儿子，并做过文王的卿士，功勋在于王室，(记录)藏在盟府。晋国准备灭掉虢国，对虞国来说有什么可惜呢？再说，我们虞国能比晋献公的从祖桓叔、庄伯更加亲近吗？如果他们真的爱惜桓叔、庄伯，那么这两个家族又有什么罪过，要杀戮他们呢？不就是因为感到他们的力量太逼近的缘故吗？亲近的人由于受宠而逼近公室尚且被杀害，又何况国家呢？”虞公说：“我祭祀的祭品丰盛清洁，神灵必定保佑我。”虞公不听从宫之奇的劝告，最后还是答应了晋国使者进兵借道的要求。宫之奇感到虞国没有希望了，就带领自己的族人出走避祸。

八月的一天，晋献公包围了虢国的上阳，问卜人偃说：“我能够成功吗？”卜偃回答说：“可以。”晋献又问：“什么时候？”卜偃回答说：“童谣说：‘丙之晨，龙尾伏辰，均服振振，取虢之旂。鹑之贲贲，天策焞焞，火中成军，虢公其奔。’所以攻灭虢国的日子大约就在九月底十月初吧！丙子日的清晨，太阳运行到尾宿，月亮在天策星之时，这时鹑火星正在太阳和月亮的中间，看来一定就是这个时候了。”

冬十二月初一，晋国灭亡了虢国，虢公逃亡到京城洛阳。晋军回到虞国，果然乘机袭击了虞国，灭亡了它。晋人抓住了虞公和大夫井伯，并把井伯作为秦穆姬的陪嫁随从。

虢国、虞国与东周同属三河地区，其居民大多是少昊氏的后裔，以大火星或鹑火星定季节。卜偃引用的当地童谣中所说的灭虢之时为：“龙尾伏辰，鹑之贲贲，天策焞焞，火中成军。”说的是苍龙星座的尾部正位于日下蛰伏之时，为农历的九月前后，恰当周历的十一月。这时鹑火星黎明时位于南中天。农历九月鹑火旦中，这是以鸟星定季节的一个重要物候，也是历史上一条重要的季节星象记录。

第七章 五月的星空

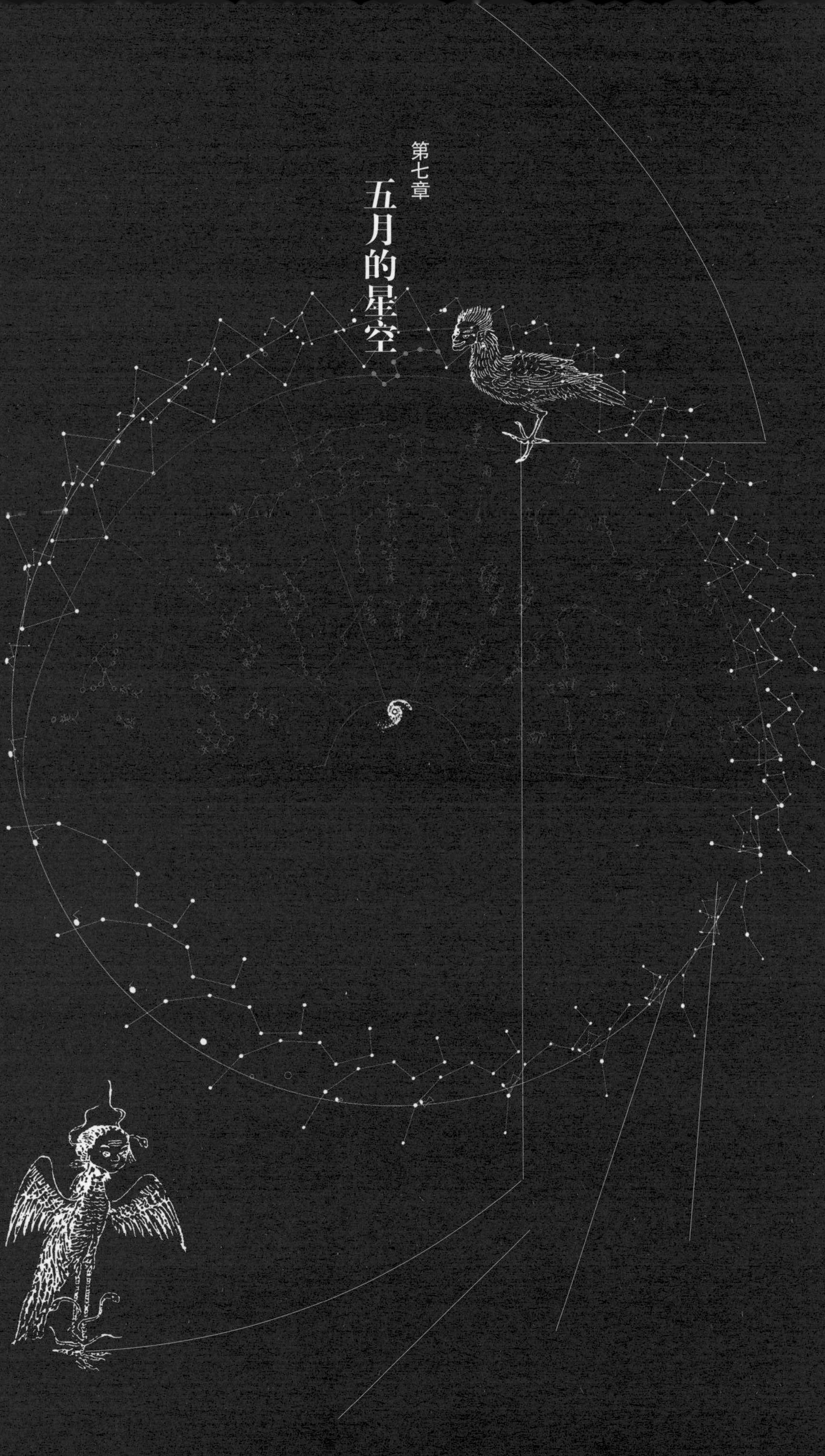

第七章

五月的星空

第一节 南方战事的晴雨表——轸宿

五月的昏中星是轸宿和太微垣(见图43)。轸宿四星，在赤道南约20°的地方，紧临秋分赤经线的东边。轸宿四星，位于北斗七星的正南方，太微垣夹在中间，在秋分点前后稍北的地方。这三个星座几乎位于同一条赤经线上。轸宿四星排列成不规则四边形。4颗星都不很明亮，介于2–4等之间。轸宿是这个天区中比较显著的星

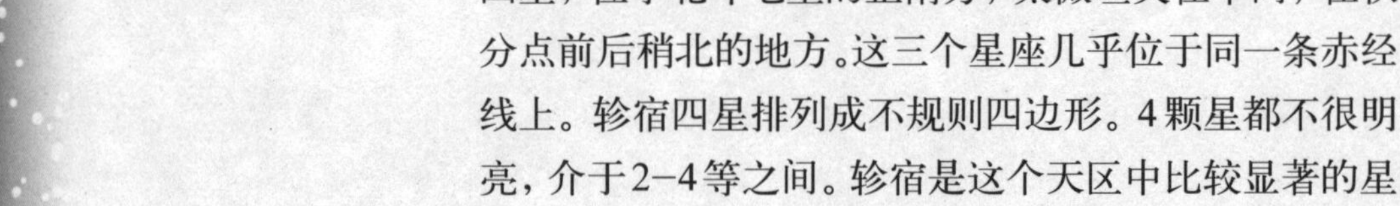

⊙图43
五月中星图
轸宿和太微恒位于中天。北方的常陈和狼将星，正守卫着五帝座

象，故它是寻找和判断秋分点的主要标志，在其正北约20°的地方，就是秋分点。

《晋书·天文志》曰："轸四星，主冢宰，辅臣也；主车骑，主载任；有军出入，皆占于轸；又主风；主死丧。轸星明，则车驾备，动则车驾用。辖星傅轸两旁，主王侯，左辖为王者同姓，右辖为异姓。星明，兵大起；远轸，凶；辖举，南蛮侵。长沙一星，在轸之中，主寿命，明则主寿长，子孙昌。又曰，车无辖，国有忧；轸就聚，兵大起。"

从《晋书·天文志》的记载可以看出，轸宿这个星座在星占术上有多种功能。轸宿的主要象征是车，轸就是车的代称。轸的本义是指车箱底部的4根横木，故轸宿四星组成的四边形，也就是这4根横木的象征。轸宿指天上的车子，这是没有问题的，但古代文献中只是称其为天车，没有具体区分为何种车辆。由于它与东南部的骑阵将军和阵车等组合成一组南方的军事战场，故它也应该象征着军车。由于阵车是革车即重车，此处轸宿在战阵之前，它当是用于冲锋陷阵的轻车即驰车。

轸宿既然是军车的象征，那么，在星占术上也就成为判断有无战事的主要标志之一。对南方战场而言，尤其是主要标志。它是车骑的象征，也是有无军队出入的象征。从星象上来判断，如轸星明亮，而且都聚集在一起，这就是兵要大起的征候。如果发现轸星在移动，便是车驾动的象征。

在轸宿的东北方向不到1度的地方有1颗小星称为车左辖；在轸宿西南部相距约2度的地方有1颗小星称为车右辖。它们是侯王的象征。左辖星为皇帝的同姓王，右辖星为异性王。辖星明亮，或者远离轸宿，就表示兵大起的凶象，也是南蛮入侵的象征。右辖一星，古人又称之为膏星，膏就是辖膏的意思，即车轮上用的润滑剂。车轮转动时会发生磨擦，长久下去会影响车的速度，对车轮也有损坏，用膏油使其滑泽，可以减少磨擦。

在全天星象中，有两个星座主风，一个是箕宿，另一个就是轸宿。考察其星名的含义，就知道这两个星座主风都各有其原因的。箕宿主风是由于其簸扬谷物会产生风，而轸宿主风是由于车子飞速行驶时会产生风，形容车子行动之速度快。

在轸宿四方形的中间有1颗小星称之为长沙。长沙一星虽然微小，但早在《史记·天官书》中就有记载。长沙星主寿昌。人们为了健康长寿，子孙繁昌，常常将它与南方老人星一起祭祀。

轸宿星象的变化，为什么能够判断南方有无战事?又为什么可以看出南蛮会否入侵呢?原来，从分野理论来说，楚为翼轸，河南南部、安徽、江苏的一部，湖北、湖南、江西都属于楚的范围。楚又称荆蛮。按《晋书·天文志》零陵、桂阳、长沙、武陵均属轸宿之分野。青丘为南方蛮夷之国，故在轸宿附近西南外有青丘七星，在轸宿中又有长沙一星。这些星的得名，都是与恒星的地域分野密切相对应的。

第二节 太微垣

一、太微垣墙诸星官的含义

太微垣，即天帝政权最高的行政机构所在地。人间的帝王通常将其住处与最高行政机构帝廷混合在一起，俗称皇宫或紫宫。但也有帝王的寝宫与其办公机构是分开的，人们想象中的天帝寝宫与帝廷就是分开的。天帝的宫廷就是太微垣。

《史记·天官书》将天上的星空世界分为五个天区，即黄道带的四方加上中央紫宫。所谓三垣二十八宿的全天区划，是直到《晋书·天文志》才出现的，可见中国星空的分区观念在不断发展。不过，在《天官书》中，有太微和天市这两个星名，尚未见有垣墙的划分。而所谓天市，仅仅是4颗星组成的一个星官。由于南方七宿和东方七宿的

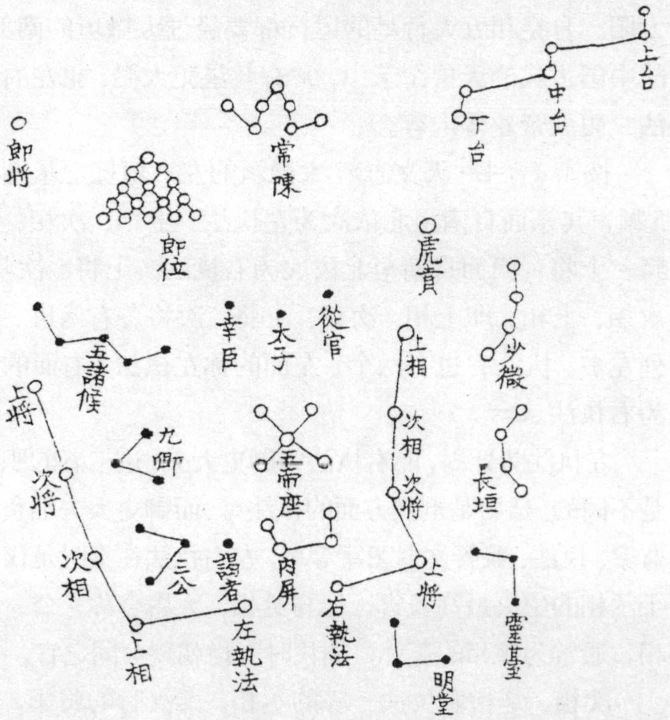

⊙图 44
太微垣星图
引自顾锡畴《天文图》。天帝办公的地方称为太微垣，天帝坐于五帝的位置，由三公、九卿、五诸侯等伴随

分布大都出现在赤道以南，在紫微垣与南方、东方黄道带星空之间留下了广阔的空间，故汉代的天文学家才将太微垣和天市垣补充进来，形成了两块星空的天区。所以，如果仍按《天官书》的分区办法，再补充进太微、天市两个天区，那么全天分为东西南北中和太微、天市计七个天区，又称三垣二十八宿，它实际概括了全天所有星座。但实际上，太微垣和天市垣比以上五个天区要小得多。以太微垣为例，其东西方向跨度不过约 30 度左右、南北不过 20 度左右的范围，共包括 20 个星座。

太微垣的南部，差不多正好位于秋分点，秋分点往南，正对着翼轸二宿；太微垣的东面为大角、左右摄提和角宿；西面正与轩辕星相邻；正北对着北斗星。太微垣中的星均较暗淡，其中最亮的星五帝座，在西方称为狮子 β 星，也只是一颗 2 等星，其余诸星，均在 3–5 等之间。

前已述及，秋分点正位于太微垣的南部，这表明赤道和黄道都经过太微垣的南部，故《天官书》曰：“太微，三光之廷。”三光指的是日、月、行星三种天体。即太阳、月亮和五大行星的运行都要经过太微垣的南部，故中国古代的天象纪录中，常有某星犯太微、犯左右执法、犯五帝座等内容。

按照《晋书·天文志》，太微垣的左右垣墙之星各有5颗，其东面自南至北依次为左执法、上相、次相、次将、上将；西面自南至北依次为右执法、上将、次将、次相、上相。即上相、次相、上将、次将各有两班，分列左右。执法官也有两个，左面的称左执法，右面的称为右执法。

左执法为廷尉，而右执法为御史大夫，这二者的职务是不同的。廷尉是刑狱方面的执法官。而御史大夫则负责监察、执法、兼管文书图籍等事。左右执法在秦时是仅次于丞相的中央最高长官，他与丞相、太尉合称三公。上相，通常为宰相的尊称，周代时专指朝觐会同之官。

次相，是指职位次一等的丞相。秦汉时的将领，分上、次二等，上将是最高职位的将军，次将为辅助领兵的将军。

天廷既有垣墙，就有用于进出的大门。在太微垣的正面有端门。在太微垣的每颗将相星的下面，均有一座门与其相配，东面自下而上依次为左掖门、东太阳门、东中华门、东太阴门；西面自下而上依次为右掖门、西太阳门、西中华门、西太阴门。看来，一个官要负责把守着一个宫门，左右执法官则都守候在端门。

二、太微垣墙内诸星官一览

太微垣诸星可分垣墙、垣墙内和垣墙外三个部分。本节所要介绍的就是垣墙内诸星座。

首先是五帝座五星。五帝座一是太微垣内最明亮的星，是一颗2等星。五帝座如大写的X，五帝座一位于中央。太微垣以五帝座为中心，位于太微垣墙内的中部，它隔着内屏四星，与诸大臣列于垣墙之内，按通常的理解，五帝座为五个古帝王的座位。但天帝即上帝，他的形象只有一个，其办事的地方可以有多处，也就是说可以有多处帝座。天子在不同的地方处理不同的政事。因此这里的五帝座，实即明堂所载天子在不同季节坐在不同的厅堂里办理政事之用。一岁分为五季，每季坐在不同的厅堂，春季在东方苍帝之位，夏季在南方炎帝之位，季夏在中方黄帝之位，秋季在西方白帝之位，冬季在北方黑帝之位。就是说不管是五帝座中的任何一个帝座，都仍然是由天帝去坐，并不是除掉天帝之外，还有其他什么古帝去处理政事。这个概念是必须弄清楚的。普天之下，只有一个皇帝，普天之上，只有一个天帝。决不能将天帝与天帝的座位弄混淆。太微垣内的五帝座，是上帝一年四季在这五处轮流办公的地方，上帝领导和指挥着太微垣内诸大臣开展全国各地的行政活动。

在帝廷之上，另有百官与近臣之分。天子设置内屏，与百官保持着一定的距离。这有利于维护帝王的尊严和安全。内屏四星就充当了这个重要作用。内屏四星的排列形状似屏风，座落在太微垣门内，五帝座之南，靠近左执法处。屏就是屏蔽遮挡之意。星座中有内屏、外屏和屏星三座屏幕。外屏七星，在奎宿之南，起到阻障天溷的作用。天溷就是天上的猪圈。由于古代还有奎为天猪的说法，故设外屏，以障天目。屏星在玉井南，因参宿之南有厕星，故也需设立屏障，起到遮挡的作用。在内屏之内，只有五帝座、太子、从官和幸臣四个星座。这是天帝的近臣和亲信，故无需遮档。太子是天子的储君，在正式接位之前，也需陪伴在天子周围，帮助处理国政，同时也在不断学习和掌握一些执掌国家大政的技能。从官是跟随在天子身边处理各种具体杂务的人员。幸臣为天子宠幸之臣，经常陪伴在天子周围，为天子提供各种参考意见，天子也喜欢听从幸臣的各种意见。

关于五诸侯，《天官书》与较晚的《晋书·天文志》等的说法各不相同。《天官书》曰："门内六星，诸侯。"故《天官书》所说的诸侯星的方位只指明是门内，但没有具体说明是哪几颗星。所述星数也不是5颗，而是6颗。《晋书·天文志》则说："九卿西五星，曰内五诸侯。内侍天子，不之国也"。宋代以后的星图，其五诸侯是在九卿的北面。这个五诸侯，明确地说是内五诸侯，是不需回到自己的诸侯国中去的，整天陪伴天子参与国政。外五诸侯五星，在东井之北。外五诸侯的任务只是治理好本诸侯国的国政，并执行中央政府颁布的统一法令。必须说明，一个帝国之内，并不一定正好设立五个诸侯国，而是要看当时政治形势的需要来确定。当然，作为内诸侯，可以只用五个，以合五行之数。并不是所有诸侯国都要配内外两套官员的。诸侯，也有同姓和异姓之别。通常，皇帝都要分封其同姓兄弟叔侄为诸侯，用以壮大辅助皇室。异姓诸侯，则往往是功勋卓著的大臣和皇帝的心腹。

三公、九卿和五诸侯等百官，与天子、太子等，在中间隔着内屏。只有在上朝办事之时，百官、才能面见天子，奏事或发表自己的政见。在五帝座和内屏的东南面，有三公三星和谒者一星。在三公的北面，还有九卿三星。三公为辅助天子负责全国军政事务的最高长官。是天子的左右臂。他们不仅在朝廷上与百官共同议事，还可以经常出入后宫，面见天子，与天子私下协商机密大事。故不仅在太微垣内有三公出入，在紫微垣中，也可见到三公星三师星等主要大臣。三公和三师实际上是一回事，故在太微垣中，不再出现三师星名了。

九卿三星，在三公之北，五诸侯之南。三公九卿，起自周代，秦汉时沿用。具体为太常、光禄勋、卫尉、太仆、廷尉、大鸿胪、宗正、大司农、少府计9个职位。所以，按说天上的九卿，也应由9颗组成，但这里只有3颗，也就只能作为九卿的代表了。九卿，为中央各种行政机关的总称，相当于后世中央机关中的各个部。九卿在秦汉以前职权较重，在魏晋以后，又专设尚书，负责各个部门的行政。而九卿则退为专门掌管部内一部分事务，职权较轻。明清时的礼、户、吏、兵、刑、工所谓六部，就是秦汉时九卿演变的机构。

在左右执法星的门内，有谒者一星。这个官职，是春秋战国时设置的，为国君掌管传达命令，负责引见臣下等事。其职位虽然不高，但却是天子的近臣。在古代，谒者有时由宦官充任。

三、太微垣墙外诸星官一览

在太微垣墙外的正北面是郎位十五星。在郎位的东面，有郎将一星。在郎位的西面，又有虎贲一星。这3个星座，都与郎这个职位有关。故我们在此一并予以介绍。

郎官，为帝王侍从官的通称。郎，与廊字通。就字面含义来说，郎官即等待在皇宫廊下，准备护卫陪从，等待差遣的官员。战国时有此建制，秦汉时沿用。郎官的人数多少不定，有文职和武职两种。文职负责文学、技艺；武职负责守卫和差遣等。郎将和虎贲，就是郎官中的武职官员。郎将即郎中将，是保卫皇宫卫队的统领。虎贲是古时对勇士的称呼。《开元占经》虎贲注曰："虎贲士，以虎皮为冠，示威猛也。"

常陈七星，在太微垣的正北。其含义和功用，无人作过解释。《晋书，天文志》说："常陈七星，如毕状。在帝座北。天子宿卫武贲之士，以设强也。星动摇，天子自出。明则武兵用；微则兵弱"。按这种解释，则常陈当为天子的宿卫虎贲，这个星座的名称和任务，当与郎将和虎贲二个星座重复。我个人以为，这里的常陈就是常侍。秦汉时有中常侍，魏晋时有散骑常侍，常由宦官充任，为经常侍卫在天子左右的官。且陈字的含义，也与侍字相当。

三台六星，在太微垣墙外西北部。两两相立，如台阶之状，为汉时对尚书、御史、谒者的总称。御史为宪台，尚书为中台，谒者为外台。合称三台。《后汉书·袁绍传》曰："坐召三台，专制朝政。"其中所说的三台，大概就是指以上三员。不过，从三台在太微垣中的位置及星占学上的功能来分析，这个三台星，应该不是以上所述三大官员，而应是天廷上的三个台阶。其理由是，在同一个太微垣中，已有了三公和谒者，从逻辑上来说，在同一个天区中，就不该在两处出现同一个星座名称或含义相同的星座。例如，既然在左执法旁有了谒者星座，其三台之处，台就不该也是谒者。又如星占书《礼含文嘉》曰："三台为天阶，太一蹑以上下，一曰天阶。"《黄帝占》曰："泰阶，天之三阶也。上阶上星，为天子；下星为女主；中阶上星，为诸侯、三公，下星为卿、大夫；下阶上星为士，下星为庶民，所以和阴阳而理万物"。故可以利用三台星中的不同星，对不同阶层的人作出占卜，不只对应于御史、尚书、谒者3个大员。

在太微垣墙外的西北方向，近虎贲星处，有少微星4颗，呈南北方向排列。就凭这小小的4颗星，在名称上怎么能与太微垣并列呢?原来，太微垣虽然星座众多，它仅仅代表在朝为官、执掌各方面权柄的一个方面，另一方面，还有许多没有在朝当官的隐逸之士，这4颗星，就是代表许多在野隐逸之士的。《石氏赞》曰："少微四星，逸士位。"说的就是这个意思。《黄帝占》曰："少微星明而行列，王者任贤良，举隐逸，才用，天下安。其不明，微而不见，贤良不出，术士潜藏，人主不安。"在封建社会，能否善于任用隐逸之士为国家服务，被看作社会是否安定的重要标志，故专门为隐士设立了一个星座，为星占家所观测和引用。

在太微垣的西南垣墙外，有明堂三星，在明堂之西，又有灵台三星。这两组星座之星名，均为庭院式的台式建筑。明堂为天子祭祀、庆赏、宣明政教的地方。在古代，明堂的建筑格式是很有讲究的，它象征着每个朝代的文化传统，三代时，明堂建筑格式各不相同。上古时，将皇家的天文台称之为灵名，用以观测天象。《晋书·天文志》曰："灵台，观台也，主观云物，察符瑞，候灾变也。"是说测候天象以占卜军国大事吉凶，是古代灵台和天文学家为皇家服务的主要功能之一。

第八章 六月的星空

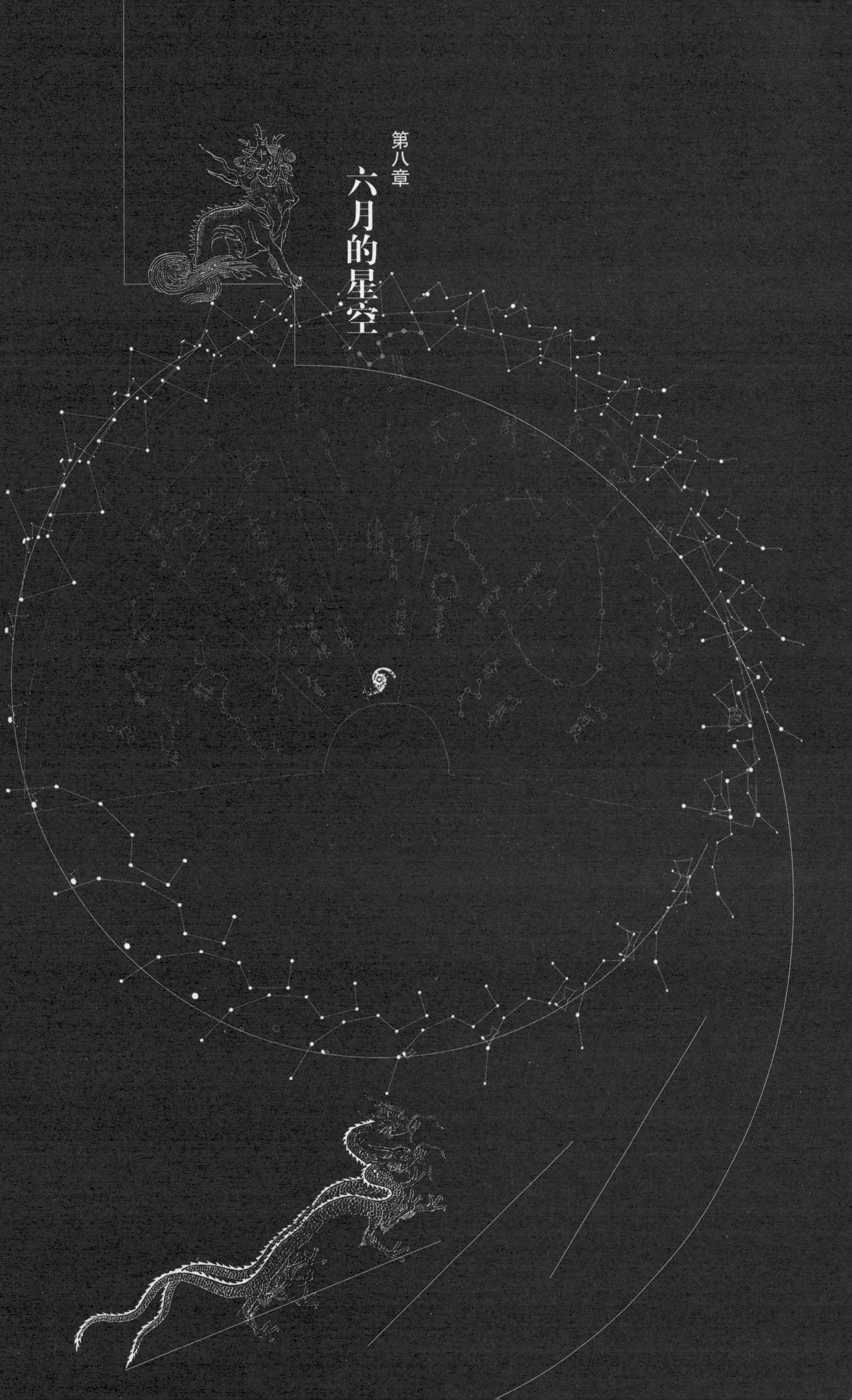

第八章

六月的星空

第一节 角宿与龙抬头的故事

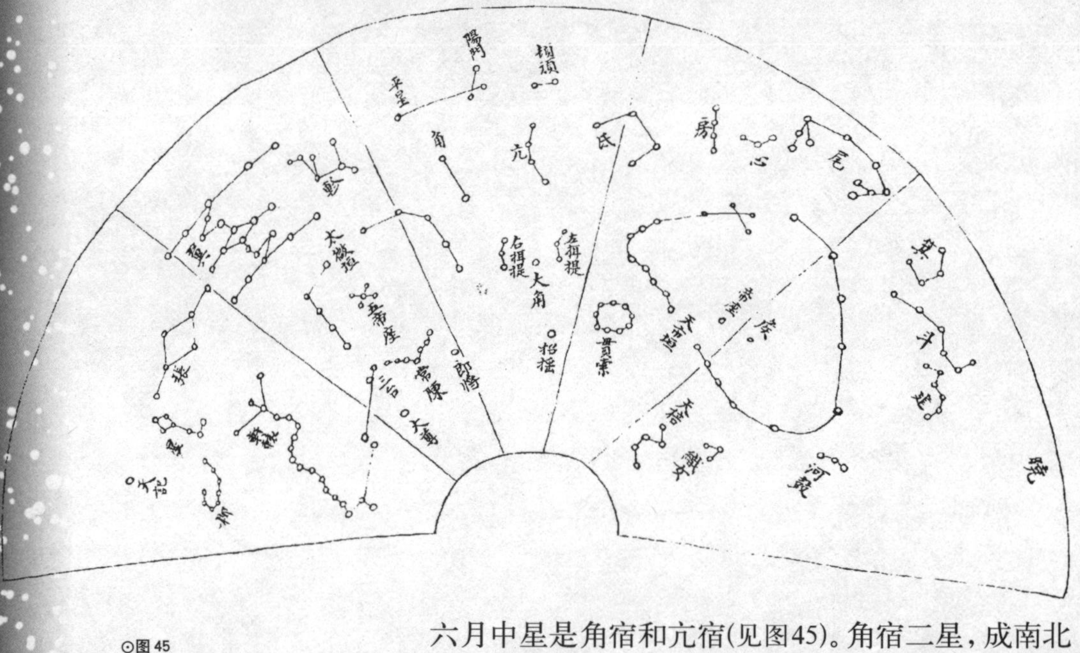

⊙图 45

六月中星图

角、亢二宿位于南中天，大角、左右摄提、招摇星，也位于北方中天

六月中星是角宿和亢宿(见图45)。角宿二星，成南北分布状，南面的角宿一略微偏西一些。角宿一比较明亮，为1等星。角宿的东北有全天第四亮星大角星，为0等星。角宿的西南为轸宿，轸宿与大角夹着角宿遥遥相对。在角宿的东面为亢宿和氐宿。角宿的西北为太微垣，在氐宿的东北为天市垣。即太微垣与天垣之间，正好夹着角亢氐 3 宿。

角宿二正好位于赤道线上，角宿一则位于赤道南约5°处。黄道斜向通过角宿两星的中间，故角宿为日月五星运行的必经之路，古人称之为三光之道。其南3度称为太阳道，北3度为太阴道。由于角宿为二十八宿中的第一宿，为天体绕黄道运行一周之后再次运行的起点，故人们将角宿称之为天关，又称为天门。正是由于这个原因，在角宿的中间有两颗小星曰平道。在角宿的南面，还有两颗小星曰天门。

人们将这个天区称之为东方苍龙，将角宿两星想象为苍龙的两只角，亢宿为龙脖，氐宿为龙的腹部或龙脚。心宿为龙的心脏，尾宿是龙的尾巴。把这几颗星用线连接起来，会发现其形状与人们想象中龙的形状是很相似的。

由于太阳在黄道上不断自西向东运动，故人们每天初昏时刻所看到出现在东方地平线上的星座都不一样，古人曾使用这一知识来确定季节。上古时人们有过龙头节的习俗，有民谚曰："二月二，龙抬头。"意思是说，每到农历二月初二这一天，苍龙星座的头，即龙角，就开始抬起来了。也就是初昏时出现在东方地平线之上了。苍龙星座是古人用以定季节中最重要的标志之一。龙抬头，即初昏初见角宿出现在东方地平线之上的天象，是一个重要物候，每当见到这种天象之时，人们就要告示大家，春耕春种的时节到了，不能遗误农时。由此便逐渐形成了节日——龙头节。每逢这一天，人们都要加以庆祝，有举行引龙回的祭祀活动。在这一天，人们还有吃龙鳞饼，吃龙须面的习俗。古时的龙抬头天象，实际是出现在春分前后，人们将其定在二月初二，是为了便于记忆。

第二节 北斗星与斗柄指向

在角宿的东北方向，亢宿的北面，有大角一星。大角在中国古代有着特殊的地位，这不仅是全天第四大亮星，更重要的还在于它是北斗七星指示方向的标志。在大角星的两边，还有左右摄提星各3颗。石氏曰：“摄提六星，夹大角”，“星东西三三而居，形似鼎足”。《天官书》曰：“摄提者，直斗杓所指，以建时节。”是说古人直接观察大角及摄提所指示的方向来确定时节。斗杓所示方向还不大明确，但在杓的下方以大角和摄提为标志，其方位就要具体明确得多，斗杓所指，沿着大角摄提方向往南，其对应的星座便是角宿、亢宿的方向，故北斗七星斗杓所指的方向，不仅大角、摄提为其标志星，角亢也是其标志星。

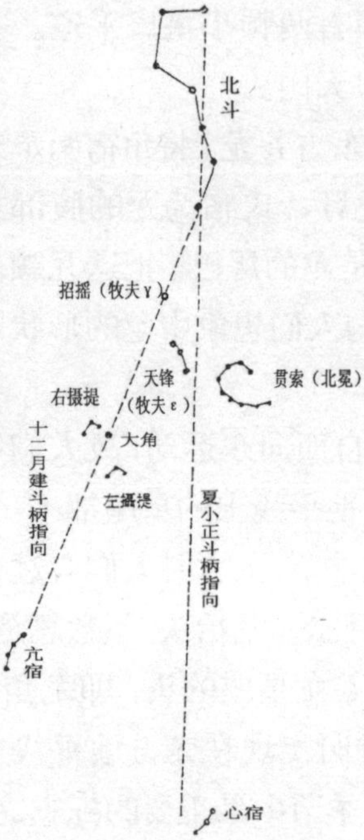

⊙图46

北斗七星、九星指向示意图

后世北斗七星指向大角和角亢方向，先秦北斗九星指向大火方向，二者的指向是不同的

提起北斗星斗杓的指向，就会进一步引起北斗七星和北斗九星的话题。为什么又有北斗九星之说呢？原来，在公元前三千纪的时代，北极更靠近北斗斗魁的方向，当时人们要求不精，直接以北斗星作为北极。那时落在拱极圈内的斗柄就比较长，在3颗斗杓以外还有两颗，称为招摇和玄戈，玄戈又称天锋。随着岁差的变化，北极的位置逐渐远离北斗星，斗柄也开始缩短为3颗。必须顺便指出，北斗九星的指向，原本是向着大火星的，故上古以三辰定季节，北斗指向与大火星的出没实际是一回事。

古代文献不仅有以北斗九星和北斗七星指向确定时节的记录，而且有以北斗第八星招摇指向确定时节的记录，《淮南子·时则训》有如下记载：

孟春之月，招摇指寅，
仲春之月，招摇指卯，
季春之月，招摇指辰，
孟夏之月，招摇指巳，
仲夏之月，招摇指午，
季夏之月，招摇指未，
孟秋之月，招摇指申，
仲秋之月，招摇指酉，
季秋之月，招摇指戌，
孟冬之月，招摇指亥，

仲冬之月，招摇指子，

季冬之月，招摇指丑。

一年分为春夏秋冬四季，每季又分为孟仲季三个月。按《时则训》所载，招摇每月所指方向与北斗七星所指方向一致。由于招摇位于大角的正北方，也正好位于摇光、大角、亢宿的连线之上。

第三节 亢宿和氐宿的故事

亢宿和氐宿，是东方七宿中位于中间的两个星宿，由于其位于刚刚越过秋分点以后的两个星宿，它们大致与黄道的走向相同步，逐渐远离赤道向南方星空延伸。亢宿由4颗星组成，均为3等以下小星。其4颗星的连线，象一段背向角宿的弧。亢宿最北面的一颗星，在赤道南约1度的地方，而最南面的一颗星则几乎位于黄道之上。

氐宿也由4颗星组成，它们的相对位置，略成一个不规则的四边形。古人的传统画法是，这个四边形的开口部位向着亢宿。氐宿中一、四两颗星均为2等星，因此，与亢宿相比较，氐宿应该更为明亮一些。不过，氐宿的其它两颗星也均为4等小星。氐宿一差不多正位于黄道之上，氐宿二位于黄道以南，而氐宿三、四又位于黄道以北，因此，氐宿这个星座横跨黄道南北。

亢宿与氐宿的开口部分，是相互对着的。如果我们更换一下思路，将这两个星座的连线画成一段弧，那么亢宿为一段小弧，而氐宿则为大于180度的大半个圆弧。如果将这两个星座再靠近一些，那么，这两段圆弧就将合在一起组成一个完整的圆周。

关于亢宿和氐宿星名的含义。应该从东方苍龙整个星象的含义来考虑。经前人研究，从角宿经亢宿、氐宿、房宿、心宿直到尾宿，其整个分布的形象与殷墟甲骨卜辞中的龙字完全对应。又从东方七宿相关宿名的含义来看，角宿为龙的角，前所述及龙抬头也证实了这一点。《观象玩占》曰“角二星为天阙，苍龙角也”，也证明角宿二星就是苍龙的左右两只角。当然，古人对此还有另一种说法：原本苍龙的两只角左角为大角星，右角为角宿一。大概是后人以为大角星离黄道稍远的缘故，才将大角星改为现今的角宿二。心宿从字面含义来看，当与心脏有关。《天官书》曰：“东官苍龙，房心。”又《观象玩占》曰：“尾九星，苍龙尾也。”故这些星名，均与龙体中各个部位相对应，角宿就是龙角，心宿就是龙心，氐宿和房宿是龙体的主干部分，也就是龙的腹部，尾宿就是龙尾。由此看来，亢、氐二宿，也应与龙体有关。因此我们认为，亢、氐二个星名，都应该是骯骶的假借字。骯又写作肮。肮即脖子，指龙的颈肮。骶是指龙体的主体骨架。《天官书》曰：“氐为天根。”索隐引孙炎曰：“角亢下系于氐，若木之根也。”都是在说明氐是龙的骨架之意。

第四节 南方战场的星座

在角亢氐三宿之南，分布着另外一个宏伟的战阵，虽然它分布在这个方位，其目标却是向着南方的。这个战场的最高统帅为骑阵将军一星，他率领着骑官十星，从官三星和车骑三星，这些都是军中辅助的将领和官员，正严阵以待。骑阵将军位于氐宿的正南方，骑官位于氐宿与骑阵将军之间，从官则位于骑官的东北部。这是一座为了对付南蛮之国而长期驻守的军营。骑官的西面有库楼十星。库楼是驻扎官兵的地方。《开元占经》认为库楼为天库，是兵车之府，其含义也相当。与库楼相配合，有五组柱星两两相立，计为十颗星，柱为军车之上的旗杆。故《春秋元命苞》曰：“天库主阵兵。”在从官的旁边，又有积卒二星。石氏曰：“积卒,聚兵士。”巫咸曰：“积卒兵官。”故这个积卒表示积聚士兵的多少。也是星占家用以判断是否有军兵相聚，是否有战事发生的标志。

骑阵将军用于战斗的主要军事力量是军车。军车有重车和轻车之分，按古代文献记载，重车又称革车，每车配备有75名士兵，主要用于驻防。轻车每辆配备25名士兵，主要用于冲锋陷阵。五车星和与此有关的轸宿都为轻车。《孙子兵法·作战》曰：“凡用兵之法，驰车千驷，革车千乘。”是指重车、轻车各千乘，合计带甲十万。

为什么说骑阵将军所率领的军队是对着南方战场呢?这是因为在这个军营中有三道门：阳门面对后方，是为军队提供给养的，南面有南门，西面有军门，都是针对着南方的。在军队中，阵车即重车是压阵的，而轻车总是冲锋在前的，这个战场的前锋由轸宿向前，正向着中国南方的象征南方朱雀方向。轸宿的分野原本就是楚蛮之地，且轸宿中有长沙一星，长沙代表中国湖南等地。在轸宿的南面又有青丘七星和翼宿南有东瓯五星。按《开元占经》的

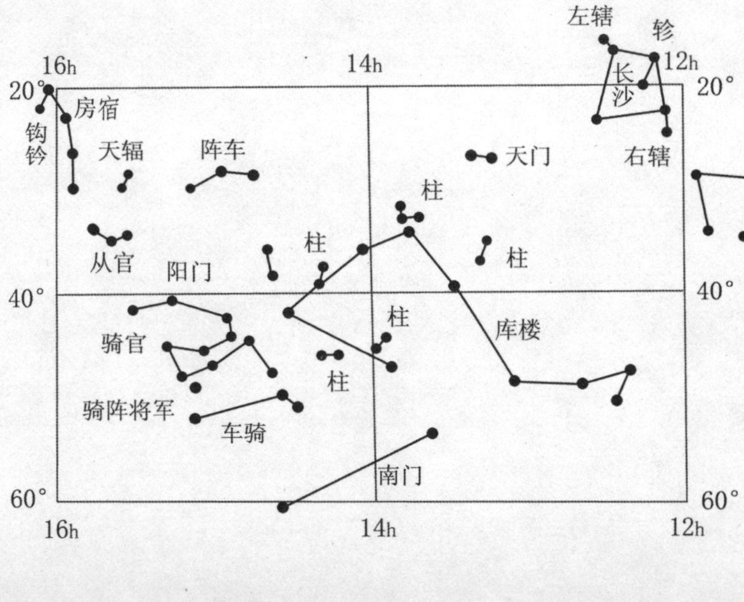

⊙图47
星空中南方战场示意图
由骑阵将军统帅的战车，针对着青丘即东越、南越等方向

解释，青丘是南方蛮夷之国号，东瓯是东越之地，那么，这个南方战场无疑就是对付南方蛮夷之国和东越少数民族的侵犯和反抗的。

这里尚需对南门星再说几句。由于南门星位于南纬60°左右，比老人星更偏于南方，中国黄河流域的人是看不到的，故古人对它很少关注。但实际上，南门二是全天第三亮星，凡是见到的人都会很关注的。

第九章

七月的星空

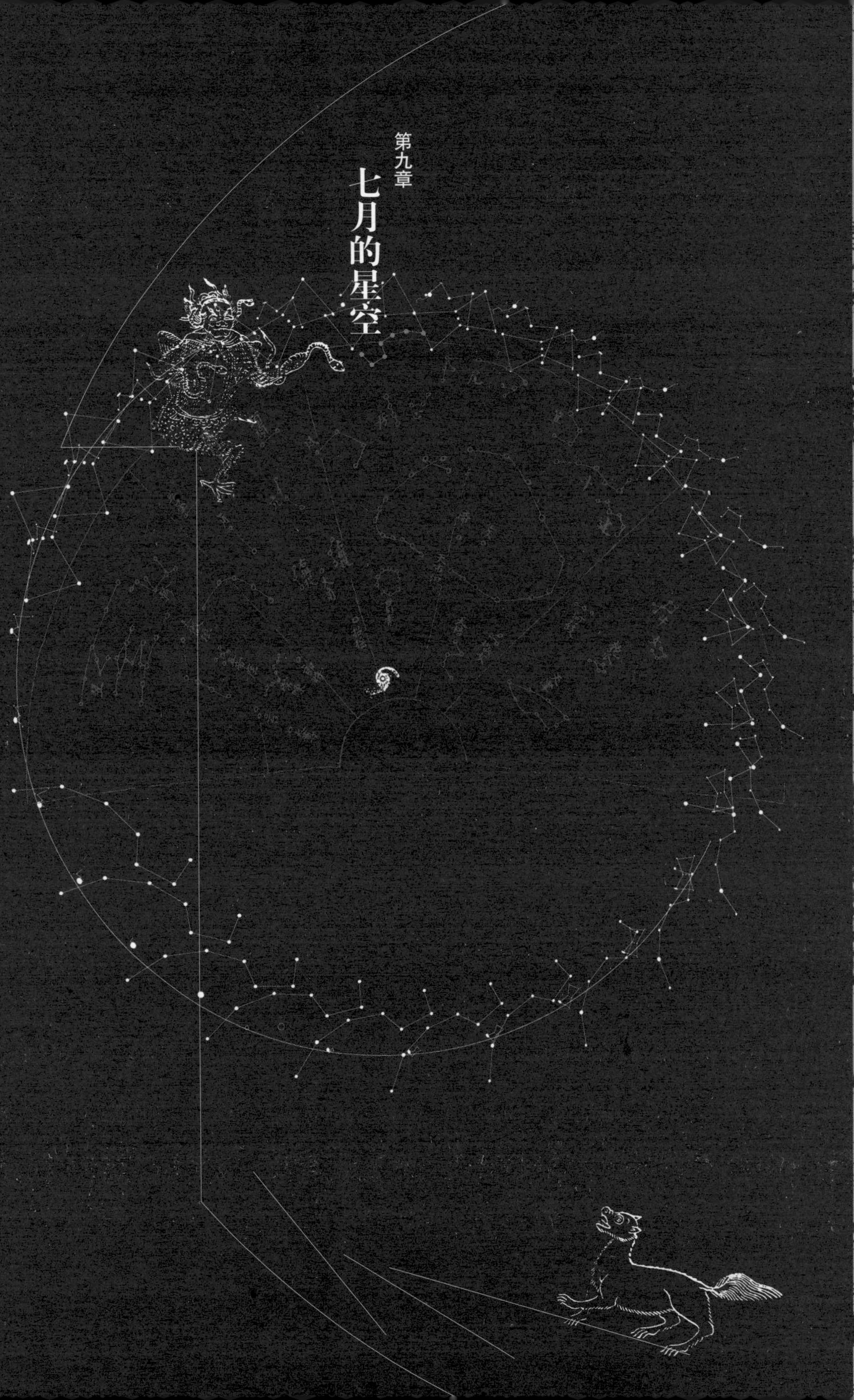

第九章

七月的星空

第一节 房宿和房国

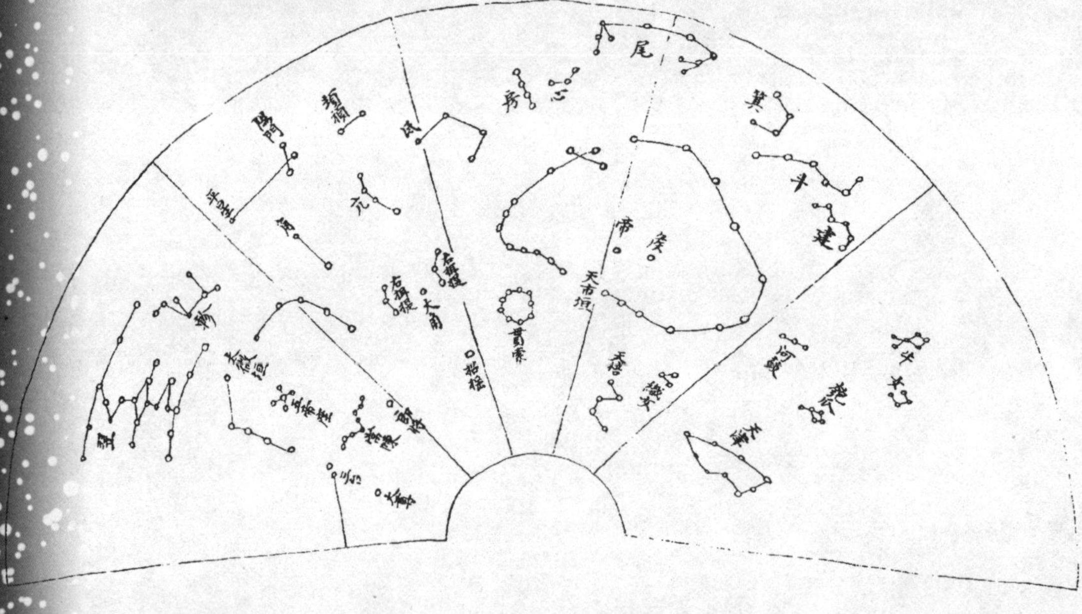

⊙图 48

七月中星图

房、心、尾3宿位于南方中天，贯索星正位于北方中天。天市垣位于正中央

一、房为天龙的故事

七月的中星是房宿、心宿和尾宿(见图48)。房宿四星几乎成一直线，与黄道垂直，黄道通过其上部房宿三和房宿四两颗星的中间。而房宿最上面的一颗星房宿四，差不多位于16时区的经线与赤道南20°的纬线的交叉点上。房宿四星均不明亮，其较亮的房宿三、四两颗星，也仅介于2–3等星之间。房宿的东面就是著名的大星大火星，房宿的东北，是三垣之一的天市垣，其西墙就

在房宿的正北方。

在房宿四的左下方，有两颗小星名为钩铃，是房宿的附座。在房宿的正北方，有东咸西咸各四星。如果将房宿与钩铃看作十字，那么它们与东西咸组合成的形状正如缺了一横的芈(miē) 字。据石氏的说法，房两服之间的中道，房为四表，四表之间，为三光之正路即黄道。故这些星座，是古代星占学家经常观测并发生凌犯最为频繁的地方。

《石氏星经》曰："东方苍龙七宿，房为腹"。石氏又曰："房四星，一名天龙。"由此看来，氐宿为龙的骨架，房宿为龙的腹部，它们组成了苍龙体的主体部分，这是从东方苍龙的整体部分来看的。氐宿、房宿配合前面的角宿亢宿及后面的尾宿，组合起来，就形成了一个形象逼真的龙体。

二、房为天马的故事

石氏曰："房四星，……一曰天马，或曰天驷，一名天旗，一名天厩……房为天马，主车惊。"由此可见，房宿既可以解释成天龙，也可以解释成天马。可能正是出于这个原因，这个房宿变成为由4匹马拉着的车。而拉车的动物，既可以是马，也可以是龙，于是有人干脆将其命名为龙马，还有人就直接将其想象为4条龙在拉着车子奔跑。

房为天驷的说法由来已久了。《国语·周语下》载周景王二十四年(公元前521年)景王问律于伶州鸠，鸠对曰："昔武王伐殷，岁在鹑火，月在天驷，日在析木之津，辰在斗柄，星在天鼋，星与日辰之会皆在北维。"这里伶州鸠接连说了好几个很冷僻的星名。其中鹑火是南方朱雀中间的一个星次，南方天区的三个星次均以鹑鸟的头、身、尾三个部分命名。这是说伐纣之日的早晨的天象中，岁星在鹑火的位置，月亮在天驷即房宿。太阳正位于析木星次所临近的银河边。箕斗之间，谓之析木。该月所在辰位，在斗柄所指方向，即角亢的方向。辰者，日月之会也。星指辰星，即水星。天鼋是玄枵星次的别名。玄枵为北方七宿中间的一个星次。由此看来，星与太阳、日月交会之处都位于北方七宿。

这里顺便交待一下东方七宿三个星次，按照四仲行三宿、四钩行二宿的粗略分法，寿星对应于角亢，大火对应于氐房心，析木对应于尾箕。东方七宿的第一个星次为什么叫寿星？未见古人作出过解释。笔者以为，寿星起自轸宿，而轸宿之附座长沙即为古人经常崇拜祭祀的寿星，此处寿星星次，很可能与长沙星有关。至于大火、析木星次名我们将在下面作出介绍。

三、房宿与房国的故事

石氏将房宿释为苍龙星座的腹部，从苍龙的各个部位来说，这个解释显然是对的。但是，就房这个字的字面含义来说，并没有腹部的含义，就这个意义上说，它与角为龙角，心为龙心、尾为龙尾不同。那么，房宿本身的含义是什么呢？它的来历又如何呢？这个疑难问题，首先为何光岳先生所究明。何光岳指出，按分野理论，房心二宿对应于宋地。两周时代的这个地域，除宋国以外，还有一个历史悠久的古老民族房人建立的国家房国。他认为，帝尧之子丹朱首建房国。古称方雷氏。房和方是互通的。其实，方雷是一个很古老的民族，生存于山东半岛，又称为方夷，相传黄帝之妃就称为方雷氏，可见早在黄帝时代，作为东夷民族的一个支系，方雷氏就与黄帝族建立了姻亲关系。帝舜取得部落联盟酋长之后，封帝尧之子丹朱于房，自此以后，陶唐氏才与东夷的房人建立了关系。《后汉书·东夷传》所载九夷中就有方夷，可见房人是东夷的一个古老支系。殷商时，房人的势力也较强大，在甲骨卜辞中也见有卜方人是否会出兵侵伐商朝。当时的房国亦位于殷的东方。

当鸟夷南迁时，房人也随着一齐南迁。大致生活在河南的东部、安徽的北部。周灭商后，分封诸侯，在河南省的东南部建立房子国。据《今本竹书纪年》记载，周成王曾命太子钊娶房氏为妻，房氏所生太子，便是后来的周穆王。周穆王巡狩时，曾到过其舅家房国。周代时的房国虽然不大，但也有一定影响，致使星相学家将房人命为天上的星宿。

关于周代房国的地界，《左传·昭公十三年》（前529年）载楚灭房国等，杜注曰："道、房、中皆故诸侯，楚灭以为邑。昭公二十二年，吴王夫概奔楚，楚封夫概于房，称之为吴房。"《汉书·地理志》载汝南有吴房县，孟康注曰："本房子国，楚灵王迁房于楚。吴王阖闾弟夫概奔楚，楚封于此。"可见周代之房国即在汝南一带。西汉的汝南，主要包括淮河、颍河之间今河南省的上蔡、淮阳、安徽省的阜阳等地。据《晋书·天文志》记载，房宿、心宿的分野包括颍川、汝南、沛郡、梁国、淮阳等地，汝南、颍川、淮阳首当其冲。由此可见，房宿就是指房国，天上星宿的地理分野，与房国的地域正好完全对应，这绝不是偶然的巧合。星宿的地理分野，星名与国家的地域相对应，这是绝对的证据，这种证据，在本书中还将不断予以介绍。

第二节 大火星与阏伯

一、大火星的故事

在房宿以东，黄道以南的不远处，有全天第十六亮星大火星。它正好为1等星，发出红色的光芒，十分引人注目。大约正是因为它总是闪烁着红色的光芒，很像一团火，中国古代的天文学家才将其称为大火星。大火星又称为心宿二。心宿是二十八宿之一，心宿有三星，心宿二是其主星。按照《天官书》的说法，心宿二为天王，即天帝，上星为太子，下星为庶子。心宿又称为帝座，或称为明堂。总之，在中国古代天文学家的心目中，它是一颗极为重要的星，它也是中国远古时代用于定季节的三个大辰之一。

在中国上古时代，主要依冬至点作为天体计量起点。上古时，夏至黄昏时的大火星，又差不多正好位于南方中天，故《尚书·尧典》说：“日永星火，以正仲夏。”在西方的古代，也很重视季节星象的观测。他们将分布在四季黄道附近的4个1等星,心宿二、北落师门、毕宿五、轩辕十四称之为四大天王。它们分别为夏、秋、冬、春夜空的昏中星。由于岁差的缘故，原本为仲夏的昏中星，现今则出现在孟秋夜空。大火一名，既作为星座之名，也可作为星次之名。十二星次中的大火星次，也源于大火星名。大火星次，包括氐、房、心三宿。

二、阏伯的故事

我们在第四章中已经介绍了《左传·昭公元年》所载高辛氏二子阏伯和实沈的故事。关于实沈的典故已经说清楚了，现在介绍阏伯。记载阏伯的古代文献计有三处：其一，《左传·昭公元年》载帝尧迁“阏伯于商丘，主辰，商人是因，故辰为商星”；其二，《左传·襄公九年》载“陶唐氏之火正阏伯居商丘，祀大火，而火纪时焉。相土因之，故商人祀大火”；其三，《国语·晋语四》载“大火，阏伯之星也，是谓大辰。”从以上记载可以得知，阏伯是高辛氏帝喾和陶唐氏时代的人物，他居住在商丘，担任火正这个天文官，专门观测、祭祀大火星，并用以记载时节。所以，大火星又叫阏伯星，它是用以判断时节的标志，故大火也称为大辰。商人继承了这个传统，故大火星又称为商人之星。这里便牵涉到这样一层关系，商人为东夷民族，以龙为图腾，大火星为苍龙之心，是苍龙的主体和象征。商人祀大火就是祀龙，故大火星称为商人之星。中国古代的华夏民族，一个民族崇祀一个星座，商人祀大火，故大火为商星；唐人祀参星，故参星为晋星；胡人祀昴星，故昴星为胡人之星；乌夷祀鹑火，故鹑火星为鸟夷之星。

经调查发现，在商丘城西南约3华里处，至今还有一处名为火星台的小丘，台顶建有一座阏伯庙，也叫火神庙(见彩图5)。殿中供奉着阏伯神像，在殿的后面，还有观星塔遗址。至今海内外许多华人，每逢春季时都要到阏伯庙祭拜，用以祭祀他们的远祖。

被宋人尊为商人第一代火正阏伯，是何许人也？经研究，他就是秦人的远祖伯益。据《史记·秦本纪》和《夏本纪》记载，女脩吞玄鸟卵生大业，大业生大费，这便是历尧舜禹三代的重臣皋陶和益。益又称伯益或伯翳。他是夏禹治水时的主要助手。大禹治水成功，舜嘉奖大禹玄圭，大禹说："非予能成，亦大费为辅。"禹年老时，因皋陶最贤，要传位于皋陶。可是还未及传位皋陶就死了，他的后人被封于英、六等地，这是前已述及的史事。禹又推益继位，大禹死后，益秉政三年，丧毕让政给禹的儿子启，启建立了中国历史上第一个夏王朝。

益的功绩，除佐禹治水以外，还曾长期担子任治理田猎的官虞。豹、虎、熊、罴4个官员，则是他的助手。其实在神话传说里，益是玄鸟陨卵所生的后代，他本人就是天上的玄鸟。"伯益知禽兽"，"能为百鸟之声"，所以，他"佐舜调驯鸟兽"。

皋陶为偃姓，生于曲阜，在偃地。据传帝舜姓偃。又由于"伯翳为舜王畜多"，赐姓嬴氏，故伯益及其后裔姓嬴。其中所说的"畜多"就是养育的牲畜众多的意思。《史记·五帝本纪》正义说："益，伯翳也，秦赵之祖。"实际上，偃、嬴二姓，均源出于以燕为图腾的东方民族，由于人口繁衍迅速，最终分裂为偃、嬴两大姓氏。后来逐渐分开，偃姓向南发展，嬴姓向西发展，至河南、陕西等地。

阏伯的后裔在夏朝时就衰落了，但与此同时，契的后裔传至相土时，却因"佐夏功著于商"而兴盛起来，可能由此取代了阏伯后裔的领袖地位，故《左传》有"相土因之”之说。

第三节 尾宿的故事

尾宿九星，在大火星的东南方。尾宿是二十八宿中位于赤道最南的一个星宿。石氏曰:“尾北十尺为中道。”中道即黄道，即尾宿还要在黄道以南10余度的地方（精密测定为黄道以南15度余）。在这个天区，已接近冬至点，故尾宿大致在赤道以南约四十度的地方(因冬至点位于黄道与赤道大距——约23.5度——之处，则尾宿离开赤道为23.5度与15度的和，即约40度)。箕宿位于尾宿的东北方。在尾宿的正北方，为天市垣，天市垣中的帝座，差不多与尾宿位于同一条赤经线上。尾星与心星是紧密相连的，故《左传》有“龙尾伏辰”之说，意谓当日月会于大辰之时，龙尾也就伏而不见了。

尾宿之名的含义，只能理解为龙的尾巴，这个苍龙星座(见彩图2，南阳汉画砖中龙的星象)，自角宿开始，经亢、氐、房、心，至尾正为6个星宿，形成了一条十分灿烂耀眼的星座。事有凑巧，西方将房心尾三宿看成是一只蝎子，而尾宿则为这只天蝎的尾巴。东西方古代天文学家均将尾宿看作动物的尾巴，可谓英雄所见略同，也说明它确实象一条尾巴。

尾宿位于南段银河的分叉部位的中心。它是银河中最为星光灿烂、最为美丽、最受人关注、也是故事最多的地方。在赤道以北，有隔河相望的牛郎织女的故事。所谓析木之津，就是指包括尾宿在内的这段银河。津者，河堤关梁之地，这里就是银河的渡口。在这个区域内的星名，大多与水和水生动物有关。例如，尾宿的北面有天江星座，有一种说法是，天江就是天汉的别名。可见这个星座与银河关系之密切。在尾宿的东北部有鱼星，南部有龟星，东面有鳖星和天渊。当然，这两个星座已在箕宿之内。在天江的北面，还有一个星座名叫南海，南海东北上还有东海。所有这些星名，都是出于与银河有关的联想。有了河，就有水生动物鱼、龟、鳖；有了河，就有通道津梁等，同时还可以联想到南海、东海及河海的深渊。

在尾宿的尾部，鱼星的下方，有傅说一星。据《史记·殷本记》记载，商自盘庚迁殷以后强盛起来，但其后继之人小辛、小乙立，不善治国，国势又衰落下来。武丁继位之后，三年不说话，大政都由太宰决定。但武丁并不是无能之辈，他在三年中暗暗观察国情，思考治国复兴之策。后来他认为机会成熟了，便开口对大臣们说：他夜里做梦时，梦见一个叫说的圣人，并命画工画出了这个人的相貌。他观察身边的官吏，没有一个与梦中人相象，便命人到民间寻求，终于在傅岩这个地方，找到了一个名说又与武丁梦中梦见相貌相同的人。傅岩就是现今山西南部的平陆县，当时说这个人是正在傅岩地方筑路的奴隶。寻找的官员将说送到武丁宫中，与之交谈一番之后，武丁宣布此人找对了，认为他果然是位圣人，便任命他担任太宰之职，说把国家治理得非常好，又使殷朝中兴起来。由于他出生于傅岩这个地方，人们便将傅作为他的姓氏，称他为傅说。因傅说治国有功，他死后升天，成为傅说这个星神。庄子说他“乘无维，骑箕尾，而比于列星”就是出于这个典故。

⊙图 49
商代武丁朝贤相傅说像
引自《三才图会》

第四节 东方苍龙的故事

一、东夷民族的龙图腾崇拜

如果要问黄道带的四方星座为什么要这样划分？它的东南西北方向是如何确定的？这种分法是否违反天文学的原理？我们的回答是，古人对于黄道带的东南西北四方的划分，主要出于两个方面的考虑：首先是合于某一个特定时刻天空星座的分布方向，这个特定时刻就是中国古代岁首日的黎明时刻。人们在这个时刻来确定黄道带的东南西北方向。在这个特定时刻可以看出，苍龙

⊙图 50

甲骨文龙字与苍龙星座的对应关系图

苍龙星座与甲骨文、金文龙字对比图，其中九个龙字，由冯时收集。苍龙星座图，由笔者据伊世同星图描出。其中虚线为笔者所连

星正位于东方，朱雀星正位于南方，白虎星正位于西方，玄武星隐没于地下不见，即位在北方。因此，这个黄道带的东南西北方是不能与季节完全相对应的。我们只能说，太阳在星空背景上，是沿着角亢氐房的方向，按二十八宿的顺序自西向东运行的。当太阳运行到东方苍龙天区时，秋季到了；运行到北方玄武之时，冬季到了；运行到西方白虎之时，春季到了；运行到南方朱雀之时，夏季就到了。至于中国古代的天文学家为什么将位于黄道带东方的星座叫作龙，而不像西方人那样叫作蝎子？那是出于中国人的传统观念，具体讲，就是与华夏民族的图腾崇拜有关。也正是在此基础上，我们的先民进而产生了天文地理分野观念。有人不承认黄道带四方星与图腾有关，认为星象的命名只是出于动物形象的想象。这种意见用在苍龙星座象龙这一类上是可以的，南方朱雀也可以将翼宿想象成鸟的翅膀，但北方玄武却根本不可能相象出有一只乌龟或有一条蛇的形象。西安交大汉墓星图将一条小蛇画在虚危组成的五角形星座中，这就充分说明了作图之人并不认为虚危似

⊙图 51

《山海经·东海内经》中的人首龙身和龙首人身神像

蛇。同样也没有根据说明参一定象虎。可见动物形象说并不成立。只有图腾说，才能与分野观念组成一个严密的理论体系，是能够自圆其说的。本节就专门述说苍龙星座与东夷民族龙崇拜的关系。

《山海经 · 海内东经》说：“雷泽中有雷神，龙身而人头。”这是古文献中东部地区以龙为图腾的形象记载。长着人头龙身的雷神，应该就是龙图腾的象征。至于雷神所在的雷泽，泽也就是上文所提到的泽国之泽。据《史记正义》引《括地志》说：“雷夏泽，在濮州雷泽县郭处西北。”即今河南省濮阳和山东鄄城地区。此地确为东夷的聚居区。上文已经介绍过的濮阳龙虎蚌塑，也出于这一地区，这一点也决不是偶然的。

《左传 · 昭公十七年》曰：“太昊以龙纪，故以龙为官。”杜注曰：“有龙瑞、故以龙为官。”据孔疏，这些官名，分别是青龙氏、赤龙氏、白龙氏、黑龙氏，黄龙氏。太昊为东夷族的部落联盟的大酋长（见图52），既然太昊以龙为名号，那么，这些官名应该就是各个部落的名了。这条记载应该是东夷族以龙为图腾的直接证据。深入的调查研究表明，这种图腾的名号，不仅反映在官名上，而且其所生存的地域，山岭、河流、村寨等，也都常常以各自的图腾命名。那么，也以自己的图腾给本民族所崇祀的星座命名，那是顺理成章的事情。

⊙图52
明人想像中的远古东夷首领太昊像
引自《三才图会》

二、东夷民族的地域分布与苍龙星座分野的关系

对于中国古代的民族分布，有东夷、西羌、南蛮、北狄之说。龙崇拜几乎是全体中国古人的共同信仰，故称华人为龙的子孙，这种信仰的遗物龙王庙、龙潭、舞龙灯等，遍地皆是。但在先秦时代，尤其是在三代以前，则不是这样，龙只是东夷民族崇拜的图腾。这种信仰虽然已经是两三千年以前的事了，但古代文献仍然有明确的记载。例如，《周礼 · 掌节》说：“山国用虎节，土国用人节，泽国用龙节。”这是说西部的山区民族以虎形为符节，中部平原地区的民族用人形为符节，东部沿海多水地区的民族以龙形为符节。由此也可看出东夷崇龙、西羌崇虎的特征。

上古时，东夷族分布于今山东的大部，河北、河南的东部、及江苏、安徽的北部等，远在东北，甚至朝鲜半岛等地，也都有他们的分布。《越绝书·吴内传》释夷曰："习之于夷。夷，海也。"按照这种解释，东夷就是东部沿海居住的人。由于大海在中国的东部，故称东夷，史学家吕思勉在论及东夷与越人的区别时说："自淮以北皆称夷，自江以南皆称越。"较明确地属于东夷集团远古帝王的有太昊、少昊、帝舜、商汤等。夏和秦宗室与东夷族也有着较密切的关系。春秋战国时的宋、陈、郑、韩等国，及徐夷、淮夷、莱夷等，均为其后裔。

《尔雅·释地》云："九夷、八狄、七戎、六蛮，谓之四海。"即中原以外的四方谓之四海。黄道带上的四方，正与地域上的四海相对应。其中九夷即东夷，八狄即夏人及北方少数民族，七戎即西方的羌戎，六蛮即南方的苗蛮少数民族。此处所谓的海，并非指海洋，而是指边远蛮荒之地。因此，黄道带上的四象，也象征了天帝统治下的所有四面八方的臣民。《韩非子·说林》也有周公旦攻九夷八国的记述，但东夷的涵盖面远比九夷为广。林惠祥《中国民族史》载，东夷除九夷外，另有隅夷、莱夷、徐戎、岛夷、介夷、根牟夷、貉夷七种，隅夷在青州、登州之地，即《尚书·尧典》所述羲仲宅旸谷之隅夷。旸谷者，取东方日出地之义。莱夷在莱州，为齐国东部的土著居民。吕尚封齐时，莱侯曾与齐争地。徐戎即徐夷，与淮夷相邻而更强，西周时曾累为边患。岛夷又称鸟夷，冀州、扬州皆有之，有人考岛夷即台湾土著。介夷被齐所灭，根牟夷被鲁所灭，皆不见经传。貉夷亦作貊夷，为高丽族人。分布在辽东、朝鲜半岛等地。

为了星占上的需要，中国古代星占学家于周汉之际建立起中国的星占体系，即所谓天文地理分野，《淮南子·天文训》称之为星部地名，《晋书·天文志》称为州郡躔次。即古人认为，天上的星座与地上的地域和人群是有着对应关系的。正是由于这种对应关系，当某星座出现异常天象时，所对应的地域便将出现应有的反映。而古人在建立星座与地域对应关系时，并不是凭空捏造的，它必有依据，这种依据便是各个民族的星座崇拜。而星座崇拜与民族的图腾往往有密切的关系。所以，崇拜龙的东夷民族，其所崇祀的星座便是龙星，那么，其所对应的天文地理分野，就要合于这个原则。考察分析的结果正是如此。

对于苍龙星座各宿的分野，《天文训》说："角、亢，郑；氐、房、心，宋；尾、箕，燕。"《天官书》说："宋郑之疆，候在岁星，占于房心。"又说："角亢氐，兖州；房心，豫州；尾箕，幽州。"而《晋书·天文志》则在综合各家之说的基础上作了更细的分配：角亢氐，郑，兖州，含东郡、东平、任城、山阳、泰山、济北、陈留、济阴；房心，宋，豫州，含颖川、汝南、沛郡、梁国、淮阳、鲁国、楚国；尾箕，燕，幽州、凉州、上谷、渔阳、右北平、西河、上郡、北地、辽西、涿郡、渤海、乐浪、玄菟、广阳。

从以上三家苍龙星座各宿分野可以看出，所述地域是基本相同的，从大的地域而言，包括豫州、兖州、幽州。经考证，这里所载州名，源自汉武帝所分全国土地为十三州名。

需要加以说明的是，按通常理解，豫应当是河南省的简称。但西汉之豫州，则在淮河以北之河南东部地区和安徽北部。而郑为西周和春秋时代的国名，其地当在今郑州一带。按通常的理解，郑国是姬姓建立的国家，就图腾而言，不应分属东方苍龙。但是，郑地原本属于郐人妘姓之国，应属东夷之地。故《汉书·地理志》说："《诗·风》陈、郑之国，与韩同星分焉。"陈国是东夷太昊之后，这是很明确的，而郑与陈同星分，郑地之民也应属东夷之后。

《乙巳占·分野》引《陈世家》曰："陈本太昊之虚也，周武王克殷，乃复求舜后，得妫满，封之于陈，以奉舜祀，为胡公。"说的就是这个意思。商为东夷人建立的国家，其早期的都城就在郑州地界，也是一个明确的证据。由此可见，豫州、兖州和幽州，确为东夷的主要分布地区，将这些地区与东方苍龙星座相对应，确能代表东夷民族以龙为图腾，又崇祀苍龙星座。而房、心为苍龙的主星，其对应的宋国和郑国，又是东夷商人的腹心地带，故《天官书》直接说宋、郑占房心，更直接地将东夷族与龙星联系在一起。

第五节 天市垣

在农历七月初昏时刻，与房宿、心宿、尾宿同时位于上中天的星座有天市垣。天市垣分布在15至19时区，横跨赤道南北。其正西为大角星和左右摄提，正东为河鼓即牛郎星，它的东北方为织女星。银河自东北向西南方向，从天市垣的左边通过。在天市垣内，有垣墙、市场管理诸星官和店肆度量衡诸星座组成，现分别介绍如下：

一、天市垣墙诸星官

天市垣的垣墙，有22颗星组成。在垣墙之内，以帝座为中心，构成屏蕃形状。据《晋书·天文志》说：天市垣是“天子率诸侯幸都市”之场所，其东西两藩，都用地方诸侯国命名。由于它们都是春秋战国时代的国名，由此可知，它的制定，一定是在战国以后才完成的。

中国古代的天文学家，在对天市垣区域众星命名时，将其想象为一个全国性的大的综合贸易市场。其垣墙22星，象征着全国参与贸易的22个地区。由此将这种全国性的贸易活动，划定在一定的疆界之内。在秦汉以前，很少与外国贸易，后来即使偶有交易，也只是经过政府间协商后在特殊情况下开放的边市，交易的品种也有限，跟国内的自由贸易是不一样的。

这种集市贸易，是直接在政府领导之下进行的。

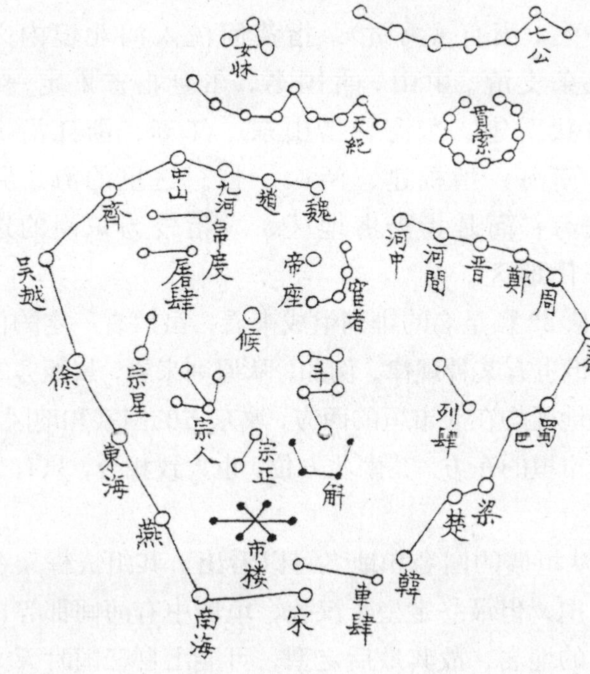

⊙图53
天市垣星图
引自顾锡畴《天文图》。天市垣为在天帝统率下各地进行贸易的场所。天帝坐镇帝座，由市楼进行市场具体管理。有斗、斛等度量工具，有屠肆、列肆等商店进行交易

故在贸易范围内设有管理机构，使其有序地进行。贸易，是不同行业的人与人之间，或者不同地区之间进行商贸交易的活动，这种活动，有利于经济繁荣和发展，无论是对个人和国家，都是有利的。故古代政府也鼓励集市贸易。为了使贸易正常有序地进行，管理机构就需要规定出统一的度量单位，使大家遵守。在贸易区内，还建有多种商店，以适应买卖双方的各种需要。

天市垣垣墙22颗星的名称，东垣自南往北，顺次为宋、南海、燕、东海、徐、吴越、齐、中山、九河、赵、魏。西垣自南往北，顺次为韩、楚、梁、巴蜀、秦、周、郑、晋、河间、河中。

在这些星名中，除春秋战国时的国名之外，还有些星名是地名，尚需作出解释。梁，古国名。魏迁都大梁后，虽也曾称梁，但此处显然是指灭于秦的陕西古梁国，故陕西也称梁州。河间，西汉

有河间国和河间郡，在河北省白洋淀南一带。河中，指黄河中游，山西、陕西交界之蒲城一带。九河一名，出自《禹贡》，指黄河流入河北境内以后的九条支流。中山，古国名，在河北省正定一带，为白狄所建。东海，指山东、江苏、浙江沿海一带。南海，指福建、两广一带。这里的海，并非指大海，而是指沿海地区，或指较为东南的边远不开化地区。

从22颗星名的排列组成来看，虽然有一定的任意性，但也有某种规律。例如，从原则来看，属西方的国家和地区均在天市垣的西方，属东方的国家和地区，均在天市垣的东方。其南北方位，也大致相合，只有少数例外。

从垣墙的国名和地名可以看出，其组成框架在春秋战国，但最终定型于汉代，垣墙中有河间郡等，是汉代的地名，故其最后定型，可能出自三国时天文学家陈卓之手。

二、天市垣内诸管理星官

担任天市垣市场管理的官员，一部分是中央政府的大员，另一部分则是市场管理的专职官员。

在天市垣内，座镇中央的依然是帝座一星。由此可以看出，天上星空的市场，依然是由天帝直接控制的。其他市场的管理官员，都要听从天帝的指挥。帝座星之含义，是指天帝作市场管理时所坐的座位。是市场的指挥中心。在紧临帝座的西边，有宦者四星。宦者就是宦官。由于宦者有4颗星，可见跟随天帝、协助管理市场的宦官还不仅是一名。他们的任务除了照顾天帝的生活、另有天弁星，当于第八章第二节介绍。传达天帝的指令以外，可能还会直接参与市场的管理。

在帝座的东面，有候星1颗。在天市垣中为什么要有候星出现？《开元占经》引巫咸曰："候星，土官也。"石氏曰："候星，以候阴阳，伺远国夷狄，以知谋徵。候星主时变、货财。安静，吉；候星明，万国同风，王道通利，辅臣强也；微小不明，则王道不通，辅臣弱；星移，主不安，期不出年；若星亡，主失位，期不出年。”请读者注意，此处之候，是等候观望之候，并不是侯王之侯，是负责观阴阳时变的小土官。由于阴阳的变易，就会引起时局的变化，从而导致货财来源的变化，使市场也发生变化。而作为市场的组织者，对于财货来源的动向是必须随时掌握的，这就是在天市中设立候这个土官的目的所在。候官所作出的判断，是提供决策者发出政令的参考和依据。

在天市垣的东面垣墙内，齐星的旁边，有宗星两颗；在东海星的旁边，有宗人星4颗；在宗人星的西边，有两颗宗正星。《元命包》曰：“宗星，主先人祠享。”原来，宗星是主管帝王宗族祭祀的官员。《石氏赞》曰：“宗人四星，录亲疏。”故宗人星是记载分别宗室支脉亲疏之用的。这两个星似乎与星空的市场毫无关系，但是，《石氏赞》曰：“宗正二星，大夫。”说明宗正是管理宗族关系的官员。又《黄帝占》曰：“宗正，帝宗也。主万物之名，品类于市。”又石氏曰：“宗者，主也；正者，政也。主政万物之名于市中。”

在燕星的旁边，有市楼六星，下临于箕宿。甘氏曰：“楼星，监市斗，食夫。”《合诚图》曰：“天楼，主市贾。”又郗萌曰：“市楼，天子市府也。”又曰：“市楼星，阳为金钱，阴为珠玉。星有不备者，天子币大乱。”甘氏曰：“律度制令，遍市楼。”因此，市楼为管理市场的市政府。它建有楼台，用以监督市场交易的状况，以便随时处理纠纷，调整市政。它是颁布市场管理政令的地方，又是积储金、玉货币的库房，以备随时平衡市价(见彩图7)。

在天市垣的北边垣墙之外，有七公七星、贯索九星、天纪九星、女床三星，共4个星座。《黄帝占》曰：

"七公主议疑，天之辅相，七政之象，评议之臣。"《海中占》曰："七公，七辅也，上星上公、次星中公、下星下公。各以其次第齐明，辅臣居其常；其星不明者，各以其次，辅臣有黜，若有罪。"由此可知，此七公为朝中议政大臣，是辅相之位。《论谶》曰："贯索，主天牢。"《春秋纬》曰："贯索，贼人之牢。中星实，则囚多；虚则开脱。"那么，贯索为天廷之天牢。石氏曰："女床，后宫御也。众妾所居宫也。"女床是帝王众妻居住的宫室。《论谶》曰："天纪星，以表九州定图位。天纪星，主历、音律。"可见天纪星，是定图位、主律历的起始点的标志，即计算天体行程的历元。从天纪星所处的方位来看，它大致位于斗宿的北方，而斗宿在上古时曾作为冬至点使用，天纪即星纪也。

由以上介绍4个星座的性能可知，它们与天上的市场贸易毫无关系，考虑到其位置又在天市垣的范围，将其作为紫微垣的一部分也许更合适一些。只是由于古代天文学家习惯于将这4个星座归入天市垣的范围，本书也就由此计数了。

三、天市垣内店肆和度量衡诸星

1……车肆、列肆和屠肆之星

肆的含义，为商店或手工作坊，如酒肆、茶肆等。即为酒店、茶店。《论语·子张》曰："百工居肆，以成其事。"意思是说百工在其工场作坊中制作出他的产品来。《汉书·食货志》曰："开市肆以通之。"即开放市场，设商店以互通交换有无之物。

在天市垣中的韩星附近，有车肆二星，梁星附近，有列肆二星，均靠近垣墙的西边。巫咸曰："车肆二星，在天市门左星内。"《巫咸赞》曰："车肆二星，百贾肆区。车肆者，列车服之贾，百品随类区别也。"巫咸又曰："列肆二星在天市中斛西北。列肆，列店也。贩鬻金玉珠珍，故在市南。"故车肆为商贾用车，载着百货陈列在车上出售，靠近天市的南大门处。而列肆就是列店，即各种金银珠宝的商店。这就是说，小商贩和珠宝店开在天市的西南方向。车肆二星一在门内，另一在门外，这也表明这种用车载贩卖的百货摊位，在垣门内外都有。

在天市垣的东北部垣内，靠近中山星处，有屠肆二星。《巫咸赞》曰："屠肆，烹煞盛馔，宾娱楼星，监市斗，食毒夫。"《开元占经》注曰："屠宰之肆，以供侍宾客，相娱乐。"可见此处的屠肆，实即供饮宴宾客之用的饭店，而不能望文生义简单地将屠肆理解为屠宰场。屠肆之地，既屠宰家禽家畜，也做菜做饭，并有娱乐活动招待宾客，当然也可以住宿。

2……斗斛等度量之星

在屠肆的西边，有帛度二星。《巫咸赞》曰："帛度，卖买与平者俱。"可见这里是卖买布帛的市场，它用公平之尺来度量，作到卖买公平，互不吃亏。

在西垣临近周星之处，有斗五星。该星虽然只有5颗星，但其中4颗星呈魁状，魁口一星与第五星又组成杓杷。可见七星、六星、五星、甚至九星，都可以组成杓斗之状。由此我们也可知上古之人对斗的使用是很普遍的。斗主要用来量度和盛装液体的，如装酒等，可见上古时人们已经开始普遍地饮酒了。

在斗的旁边，还有斛星4颗。《论谶》曰："天斛星，主量则。"《甘氏赞》曰："斗斛称量，尺寸分铢。"说明在市肆之中，既用斗计量液体，用斛来计量固体粮食等，又用称衡来称货物的重量，也用尺来丈量布帛的长度。各种用来量度的标准都是齐全的。

总之，从天市垣来看，中国自西周建立较为齐全的市场开始，经过春秋战国和秦汉的发展，集市贸易已经较为发达，有了一套较为完整的管理机构，有统一的度量衡单位，以供交易时使用，市场中还建有街道和各种店铺，远道来经商的客商，有住宿和饮食的地方。市场里也有随时处理卖买中出现纠纷的裁决官员，政府建立了用来监督和保护贸易正常进行的市府机构。虽然当时人们的日常生活主要靠自耕自织来解决，但货物交换无论对个人和公家都已很重要，故古代的天文学家，才在星空中专门设计了一套完整的市场贸易系统的星座，向人间社会展示了古人生活的一个侧面，也是古代贸易集市保留至今的活的博物馆。

第十章 八月的星空

第十章

八月的星空

第一节 箕宿与箕子的故事

八月的中星是箕宿和斗宿(见图54)。箕宿四星，其亮度与尾宿九星相当，介于中等亮度的2等至3等星之间。箕宿在尾宿的东北方，表明经过这个地区的黄道，在到达最南端以后，已经开始往北运转了。《尔雅》郭注曰："箕，龙尾也。"但我们不知道这种说法有没有文献依据，还是仅凭主观想象，因为这个说法是大可怀疑的。首先，东方七宿中属于龙体范围的，其它星名文字的含义均较明确，即角就是龙角，亢就是龙颈，心就是龙心，

⊙图54

八月中星图

箕宿与斗宿位于南中，河鼓、侄女、天棓星，位于北方中天

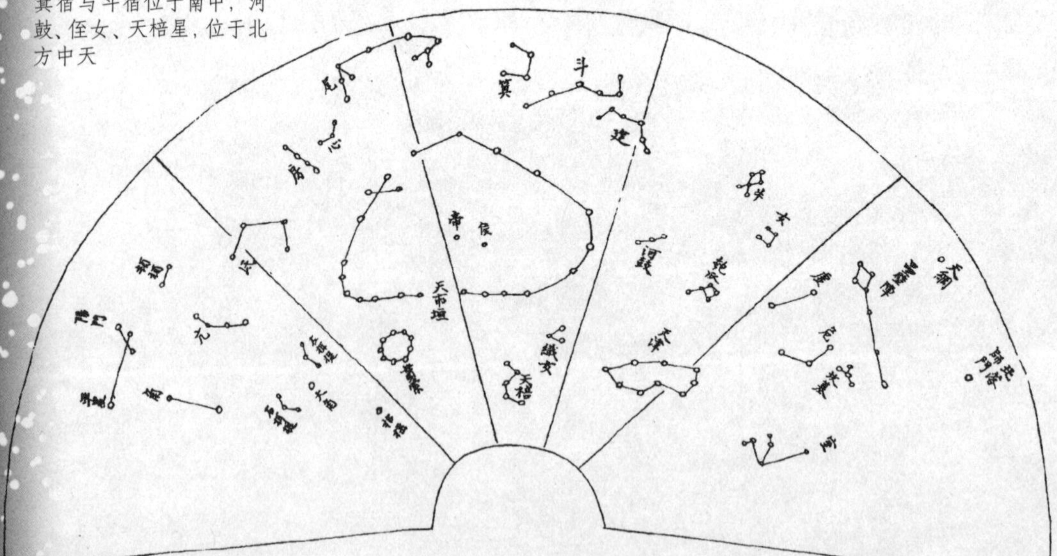

尾就是龙的尾巴。这里又将箕释作龙尾，从字义来说就不相连接。其次，前面既然已经将尾宿作为龙尾，就难以再加一宿作为龙尾。从星名的统计来看，也没有这个先例，故箕宿一名，当另有含义。

《尚书·洪范》曰："庶民维星，星有好风，星有好雨。""月之从星，则以风雨。"孔传曰："月经于箕则多风，离於毕则多雨。"而《诗·大东》曰："维南有箕，不可以簸扬。"看来还是将箕宿解释成盛谷物的簸箕更通顺一些。簸箕除可以盛装谷物外，还可以有一个更为专业的功用，就是簸扬谷物，将混杂在谷物中的杂质簸扬出去。簸扬时产生风，才能将杂物吹走。可能正是出于簸箕簸扬时能产生风，故有箕星好风的联想。这个谚语并不是说，人们见到箕星就会刮风，见到毕星就会下雨，而是指当月亮经过箕宿时就会刮风，遇见毕宿时就会下雨。

将箕宿之含义解释成簸箕，就字面含义来说，是较为合理的，关于这一点，从周围星名的配置就可看得出来；在箕星的西南部，有杵星3颗；在箕星的西面，正对箕宿之口，还有1颗糠星。按《石氏星经》的解释，杵星"主杵之用"，即用于杵捣粮食，去掉谷皮。而杵好了之后，便用簸箕簸扬杵好的谷物，簸扬时，谷糠便从箕口吹出。这是一组生活劳动形象逼真的星象组合。

但是，以箕星为簸箕，还只是后世星占家的主观想象，这其中还应该有更深一层的含义。何光岳《炎黄源流史》载箕的名义说："箕，古文字作其，即象竹编之簸箕，盖因箕人善于织箕而得名……箕人正以善于制箕、以簸扬谷物而用作族名。由于箕部落在夏代以前是一个强大的部落，因而被古代天文学家用作二十八宿之一的箕宿……箕星应系箕人的座标，即在东北方……故箕伯（即商纣王的王族箕子）又名风师、风伯。《风谷通》曰：'风师者箕星也，主簸扬，能制风气也。'这种解释颇牵强，因箕子为商子姓亲族，封为箕伯，取代姜姓箕国，后向东北方朝鲜迁移，故列箕宿位于东北方析木之

⊙图 55

南斗和箕宿示意图

南斗六星位于箕宿的东北面，南斗斗柄指向西北。成四边形的箕宿似簸箕，口向东方，口外有糠星吹出。引自《宇宙索奇》

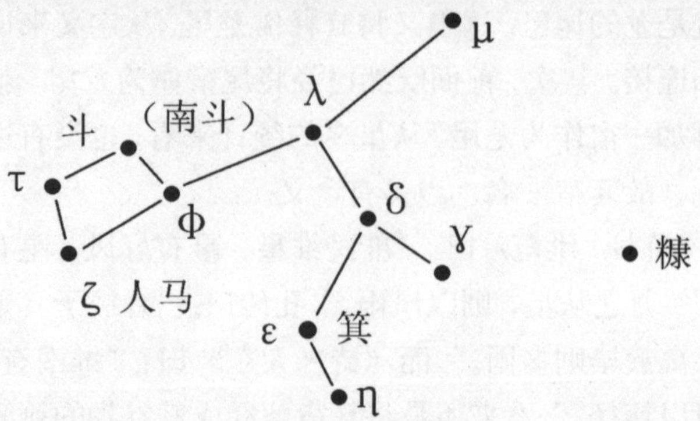

津。析木星在箕斗之间……而箕在析木之东，其下恰好在今北朝鲜。以箕星为风伯，是因箕子为风夷，即鸟夷之一支子姓的后裔，故可称为风伯。据此，箕星的命名应在西周初年，箕子北迁东北之时。也可推知箕子确实曾迁朝鲜之国。《春秋元命苞》云：‘箕星散为幽州，分为燕国，正是箕子北迁所停留过的地方。’”

何光岳这一关于箕宿之名源于箕国和箕人的论证是很充分的，首先，被称为箕伯的箕子，因出身于以风为图腾的东夷民族，又可称为风伯。后人因不知箕伯和风伯的本义，便望文生义，让这个箕子也就成为主管刮风的神了。由此，也就形成了箕星好风这一观念。作为天文地理这一分野的对应关系，其二者恰好完全对应。对于苍龙星宿的顺序来说，由于位在东方，其头南尾北是毫无疑问的。箕宿在龙尾之后，当在最北方。而龙是东夷民族的图腾，从其民族分布来说，据《汉书·地理志》，角亢氐在韩地，即郑国和陈国地界，房心在宋地，尾在燕地。其中说道：“燕地，尾箕分野也。武王定殷，封召公于燕，其后三十六世，与六国具称王。东有渔阳、右北平、辽西、辽东，西有上谷、代郡、雁门、南得涿郡之易、容城、范阳、北新城、故安、涿县、良乡、新昌、及渤海之安次，皆燕分也。乐浪、玄菟、亦宜属焉。”

箕子及其族人为商人的后裔，属于东夷民族，这是毫无疑问的，故从其分野来说，被分配在东方七宿。相传周武王封箕子于朝鲜，实际上，自周灭殷之后，箕人自山东逐渐向东北迁移，也有一部分移居朝鲜半岛。

《汉书·地理志》所述尾箕之分野，除燕的中心地带外，还有辽东、辽西，其中玄菟、乐浪，即为朝鲜。箕宿与箕人、箕子活动的对应地界，合若符节。由此不仅充分证明箕宿之名源于箕人，同时也再一次有力地证明了中国的星名与民族的名称、民族的图腾及其地理分布，有着密切的关系。

第二节 斗宿与建星的故事

斗宿六星，在箕宿的东北，银河的东方。斗宿的西北为牛宿。除斗宿四、六为2等星外，其余4颗星均为3等小星。斗宿六是斗宿最南的一颗星，约为南纬35°，而其最北的星斗宿三，将近南纬20°。斗宿六星象一把倒扣着的杓子，故称为斗宿，又称为南斗。所谓南斗，是与北斗相对应的。斗宿的一、四、五、六组成斗魁，一、二、三又组成斗柄。故《诗·大东》说："维南有箕，不可以簸扬，维北有斗，不可以挹（yī）酒浆。维南有箕，载翕（xī）其舌，维北有斗，西柄之揭。"正因为斗宿之柄高悬在西北方，而杓口向着下方，所以古人说不可舀盛酒浆。诗人的想象力是很丰富的。

在中国古代的天文活动中，斗宿是颇被人们看重且被精密测量的星宿之一。这是因为自东汉以后的大部分历史时期，斗宿都被人们作为天文计算的冬至点和历元来使用。只有历元的位置测量和计算准确了，推算起来才能获得准确的结果。只有在西汉之前和清代，人们才以牛宿和箕宿作为冬至点。

在斗宿的东北方，有建星六星。建星也是人们经常关注的星座之一。它也曾经被人们作为冬至点和历元使用过。《海中占》曰："斗建者，阴阳始终之门，大政升平之所，起律历之本原也。"说的就是这个意思。又郗萌曰："箕星与建星之间，日月五星之下道也。"黄道正好从建星与斗宿之间通过。建星一名，含有建立，起始之义。在这个天区，北至建星，南至箕宿，均为日月五星运行之通道。下道是黄道行经南方之道，行经赤道以北称为上道。

在斗宿的正北方向，有天弁九星。它位于天市垣墙之外的西南方，正处于银河之中。弁有武官、帽子之义，但此处当释作天市垣之官员。负责市场贸易的管理和税收等事。天市垣其他管理的官员都在垣内，仅天弁在垣墙之外，这种安排有些反常。石氏曰：“天弁九星，在天市垣外，天下市官之长也。主市中列肆诸价。入在市籍者，商税还，方持物来，皆当责其租税。其星明大，则天下安宁，万物盛兴；其星不明，则万物衰耗。”可见天弁是天市中的主要负责官员，定物价，主税收，都是他的职责。

第三节 狗国的故事

在斗宿的东面，有狗国星4颗。在斗宿的东北、狗国的西北，有狗星两颗。均为3等以下小星。既称狗国，我们就不能简单地将其理解为神话世界中狗的王国，与人类社会毫无关系。在说及中国星名的起源时，我们曾一再指出，中国的星座名称，是中国社会的客观反映，这些星名，都有历史文献或神话为依据，并不是仅凭想象编造出来的。中国古代有犬夷这个民族，或称犬戎，他们以犬或狼犬

作为自己的图腾。犬夷也是一个十分古老的民族，在远古时曾与其他民族一起生活在华夏地区，也留下有许多历史印记。例如，《山海经 · 海内北经》有“犬封国，曰犬戎国，状如犬”。犬国又名为狗国。请读者注意，这个犬封国据《山海经》记载在海内北，即在中国的北方。状如犬的比喻，只可能是指图腾的形象，而决不是说那个犬戎国人的形状真的像狗。天文学家将其移植到天上作为星座时也置于黄道的北方。故与北方玄武的星空相对应，而狗国和狗星属于北方七宿之斗宿，正与民族地区之分布相一致。

据史书记载，商代武乙时和西周幽王时，都曾遭受犬戎之患。犬戎是上古时中国西北部戎人的一支，它与西戎、猃狁等北方、西方少数民族政权互相依存，

⊙图56
《山海经 · 海内北经》中的狗国神像
引自《三才图会》

互为消长。西周末年，因幽王废申后和太子宜臼，申侯联合犬戎兵造反，把幽王杀死在骊山脚下。殷周之时，在山西的北部，陕西的北部和西部，都有犬戎的踪迹。

据文献记载，中国远古以犬为图腾的民族，因战争关系分为南北两个支系，南方苗瑶族的民族传说中，就有明确的犬图腾痕迹，犬崇拜就是盘瓠崇拜。北支的东胡和匈奴也是其后裔。《开元占经》狗国星条引《甘氏赞》曰："狗国，鲜卑、乌丸、沃沮。"沃沮即玄菟，即后世之朝鲜。而鲜卑、乌丸的后裔为契丹，是中国北方和东北方的主要少数民族。经研究，东胡和匈奴均有犬狼崇拜的痕迹，其军旗上所绘图像就是一只狼头。故此处所载狗国和狗星两个星座，正是对应着东胡和匈奴民族。

第四节 析木星次的故事

按古代对黄道十二星次的分配，在农历十一月这个季节，太阳经过尾宿、箕宿之时的星次为析木。按《尔雅》的说法，其标志星为箕斗间的一段银河，所谓析木之津就是指此。它正位于冬至点的所在地，又是黄道与银河交叉之处。这是全天银河中最为星光灿烂、最为美丽部分，银河分成两条乳白色的光带向东北方向流去。这个天区，在西方称为人马座。据现代天文学的研究和观测，这里正是银河系的中心地带的方向，故积聚了银河系大量的天体和物质。析木之津，就是指析木这个位置的一段银河。

前面已经介绍过黄道带中的半数星次，这些星次的名称，大都具有较明确的含义，例如，实沈就是传说中观测参星定季节的天文学家，鹑首、鹑火、鹑尾分别就是鹑鸟的头、身、尾，大火就是包括氐房心在内的这个天区，其名称也直接源于大火星。但此处析木的含义是什么呢？难道可以理解成一块清析的木头吗？显然不能，要想探究其中的含义，我们仍然应该从中国上古民族神话历史故事中寻找。

如果一定要找一个民族与析木相对应，那就是现今居住在云南丽江一带的纳西族。中国的史学家和民族史家早就注意到，别看现今的纳西族居住在遥远的云南边境，他却有着十分悠久的历史。纳西在古代文献中写作摩些或么些等，均为自称的记音，故在汉字记载时有不同的写法。么些即木析，即为析木的倒称。现今的史学家早就注意到这个问题，他们对析木二字的解释是，木就是摩些人，析就是越析人。摩些人与越析人长期以来就混杂而居，互为婚姻。当析人占主导地位时，他们就合称为析木人；当木人占主导地位时，则合称为木析人。

据研究，摩些人当是越嶲(xī)羌的后裔。既然称越嶲羌，就一定与越人有关，是越人混杂于羌人之后形成的民族。这个越析，就是越嶲的异写。越嶲是与越人有关的一个支系。越析二字的写法，源出于《蛮书》卷三十六。越析为六诏之一。越析诏亦谓磨些诏。那么，越析人也可称为摩些人。这是越析的来历。摩些还可写作木些，不但读音相近，也有文献上的依据。在元明清时，纳西族丽江世袭知府木氏，就是以摩些人的自称为姓。故将摩些写为木析的解释是信而有证的。

向达《蛮书校注》曰："越析诏，亦曰磨些诏、磨诏、些蛮、或磨些蛮，俱在诏内。磨蛮或磨些蛮，住地在金沙江上下，故唐代称金沙江亦曰磨些江。"向达等人都认为，所谓些蛮越析人，是被南诏征服后逐渐北迁的，这正合于滇越活动的史迹。

析人即嶲人。在上古的中原地区，分布着众多的嶲人。考其起源，他们可能是与夏人一起移居中原的西羌后裔。夏代灭亡之后，部分嶲人生活在长江中下游一带，与扬越混杂而居，也互相通婚，故称越嶲。

今河南西部有析地，《左传·昭公十八年》载“楚子迁许于析”，说明正是析人的居地。汉代也置有析县。子嶲即子规。有人以为，蜀帝杜宇就是嶲人。今湖北通城有古下嶲县，据考，当时的下县包括今通城、岳阳、蒲圻等地，范围很广。嶲人又分东支和西支，分别向外迁移。东支移居山东半岛，春秋时有嶲地。《春秋·庄公三年》载“纪季以酅入于齐”。僖公二十六年“公追齐师至酅”，均是指此。嶲人入蜀，为秦所迫，退居西南。故《汉书·地理志》所载“越嶲郡”，即为嶲人之居地。郡治在今西昌市。

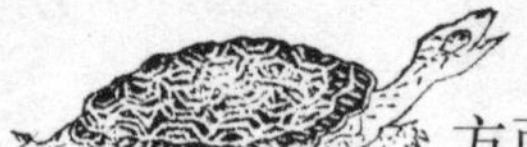

嶲人原为夏民族的一个支系，这一说法也有图腾方面的依据。《山海经·东山经》说：“深泽，其中多蠵(xī)龟。”郭璞注曰：“蠵，觜蠵，大龟也。甲有纹彩，似玳瑁而薄。”《尔雅义疏》也说：“蠵，即今觜蠵龟，一名灵蠵，能鸣。”这里的蠵龟，即由嶲人的龟图腾而得名，蠵龟即今天的绿毛龟。

析木介于东方苍龙与北方玄武之间，《尔雅》将木析定为箕斗之间即是此证。玄武即龟蛇。

析人以绿毛龟为图腾，龟蛇头东尾西，析木位于苍龙之尾、玄武之首，故析木位于越析之地是确当的。又越析人善舟楫，析木位于汉津之地，也正好与之相应。

介绍了箕宿、斗宿星象之后，我们再介绍星占史上利用斗、牛一正一反两个著名的星占实例，进一步展示星名的含义和分野星占的实质。

第五节 丰城剑气的故事

一、斗牛紫气的两种解释

在《晋书·张华传》中，记载了一件有关天象的奇闻。当吴国即将灭亡的时候，在斗、牛二宿之间，常有紫气出现。这时晋国已经灭掉了蜀国，国势更加强大，吴国则危在旦夕。正当晋国朝野议论灭吴方略之时，由于斗、牛之间出现紫气，象征着吴国兴盛的征兆，故从星占的迷信观念出发，不可以进犯吴国，吴国也不可能灭亡。

这种意见在星占术上的依据是，星纪之次为斗、牵牛、须女三宿，它的分野为扬州。如果再如《晋书·天文志》那样细分，则包括九江、庐江、豫章、丹阳、会稽、临淮、广陵、泗水、六安。其中广陵即杨州，九江即江西省的九江地区，豫章即江西省南昌及以南地区。这里的章即赣江的古称。因此，斗牛之分野地为江苏、安徽、江西、浙江等地，正是吴国的所在地。这时在斗宿和牛宿之间出现了紫气，它是吉祥之气，象征着吴国强大兴盛，这种天象所显示出的征兆，按星占理论，吴国是不可能灭亡的。

二、张华力主平吴

天象的证据是如此明白，它使得主张平吴的人开始犹豫起来，晋国许多大臣都以为不可轻率用兵。正在这个时候，在朝担任尚书关内侯的张华力主伐吴，得到晋武帝司马炎的支持。张华直接参加了这次伐吴战争。在伐吴的过程中曾一度受到挫折，反对伐吴之声又起，有人甚至提出应该诛杀张华，以追究他力主伐吴的责任。好在司马炎还算是个明白的君主，他自己承担了这个责任，保护了张华。在张华等人努力坚持下，终于伐灭了吴国，完成了统一全国的任务。晋武帝非常高兴，对张华大加表彰和封赏，称其“典掌军事部分，诸方算定，权略运筹，决胜有谋谟之熏”。自此张华名重一世，众所推服。

三、一场交易两人得利

据记载，张华一生好学不倦，“图纬方技，莫不祥览”。他曾撰写《博物志》一书，本书下面要介绍的浮槎访牛郎的故事，就记载在他的这本书中。在张华的生活中，充满了方术的气味。当时他明知斗牛之间有紫气而力主平吴，并不是张华不相信星占，恰恰相反，这证明张华比朝中他人更多了一份阅历，对星占术有了更深一层的了解。

星占术之所以能为古人笃信而长盛不衰，是因为它自有一套能够自圆其说的手段。模棱两可，一种天象，备有两说或三说，即是其谋求免除预言失败、得以生存的护身符。张华并不是专门凭星占混饭吃的专职星占术士，尚不完全懂得其中的许多诀巧。他之所以力主平吴，并且最终获得成功，只是凭借他敏锐的政治嗅觉。当时吴国衰弱而且内部又不团结，正是平定吴国、实现统一大业的良好时机，决不能错过。

当晋国平定吴国成功，张华获得嘉奖之后，人们发现斗牛之间的紫气非但没有消失，而且更盛了。张华想弄明白，为什么斗牛之间既有紫气，而吴地又可被平定的道理。有一天，他终于找到一个“妙达纬象”的豫章人雷焕，要与他共同寻找出明天文知吉凶的道理所在。一天傍晚，他与雷焕共同登楼观看斗牛间的紫气。雷焕说：“对斗牛间出现的异常之气，我观察的时间很久了。”张华便问这是何种祥瑞？雷焕回答说：“这是宝剑之精气上达天廷所致。”张华说：“我认为你说的不错，我少年的时候，有一位看相的人，说我六十岁时当位登三高。现在我即将就有宝剑佩戴了。可见少年时看相人的话应验了。”张华问宝剑在何地？雷焕回答说在豫章丰城。张华便说：“我想委曲你到丰城县去当官，并秘密地寻找此剑如何？”雷焕答应了他的要求，于是被任命为丰城县令。

四、莫干雌雄剑的再现和消失

雷焕到任之后不久，便从县牢房的屋基下面四丈多深之处，挖出了一个石匣子，匣子周围光气非常。打开石匣子，匣内装有两把宝剑。一剑题曰龙泉，一剑题曰太阿。宝剑出土的当晚，斗牛之间的紫气便消失了。雷焕用南昌西山岩下的土擦拭宝剑，结果宝剑光芒艳发。他又用大盆盛水，把剑放在水里，宝剑越发精芒炫目。雷焕把其中的一把剑和一包土送给张华，偷偷留下另一把剑自用。张华得到宝剑之后，非常珍爱，常置于座侧。当然张华也是不容易蒙骗的，他观察剑身的刻文，便知另有莫邪宝剑。于是他给雷焕写了一封信说："详观剑文，乃干将也。莫邪何复不至？虽然天生神物，终当合耳。"随信还送给雷焕华阴土一包，并告诉雷焕用华阴土擦宝剑将更有效。雷焕以华阴土擦拭，剑光果然倍益精明。

知情者对雷焕说，你仅以一剑送张华，留下一剑自佩，张公就那么好欺骗吗？雷焕回答说："本朝即将混乱，张公当受其祸，此剑当系徐君墓树耳。灵异之物，终当化去，不永为人服也。"惠帝永康初年，张华为赵王伦所杀，其剑不知所终。雷焕死后，其子雷华为州从事，一次其佩戴的莫邪剑掉入水中，也从此踪影皆无。后人由此感叹张华"终当合耳"和雷焕"终当化去"之说都应验了。

统观丰城剑气的故事，雷焕其人很可能仅是一个混迹江湖的术士。他所谓丰城剑气，可能只是以星占为晃子设置的一个骗局。如果真的挖出了宝剑，那也只是雷焕从中捣鬼。在《博物志》卷六器名考中，确实载有龙泉、太阿两剑，云吴王使干将作。范宁校正云："龙泉当作龙渊。"

星占术只是一种伪科学，并无科学依据。所用占辞，也只是上古历代逐渐附会而成，是星占家借以支持和参与社会政治斗争的一种工具。占辞中的含糊其辞、模棱两可的说法，为星占术士左右逢原提供了机会。而对当前政治形势的洞察与否，对人心背向的了解，才是作出正确决断取得成功的基本保证。

淝水之战败亡的悲剧

西晋衰亡，北方军伐割据，形成了五胡乱华的局面。混战中，苻坚建立的秦国强大起来，逐渐统一了中国的北方，与南方的东晋政权相对抗。公元383年，秦王苻坚召集御前会议，提出征灭东晋的计划，一心要完成统一中国的大业。

廷议中，多数大臣都反对南征。太子左卫率石越指出，今年岁星、镇星守在斗、牛二宿，福德在吴，不可进犯。大臣苻融也总结出三条反对南征的意见：其一，岁星、填星镇守在斗牛，是吴越之福；其二，晋国朝臣用命；其三，秦用兵战斗数年，兵疲将倦，有惮敌厌战之意。会后群臣曾上书面谏数十次。且逢彗星见东井，均为于秦不利的天象。但苻坚南征之意已定。他对臣下说："吾闻武王伐纣，逆岁犯星。天道弥远，未可知也……以吾之众旅，投鞭于江，足断其流。"于此可充分体现出其志满骄横的心态。

这里需对苻秦南征前星空中出现的三条于秦不利的天象作一解说。

首先说说岁星。《乙巳占》曰："岁星所在处，有仁德者，天之所右也，不可攻，攻之必受其殃；利以称兵，所向必克也。"甘氏曰："邦将有福，岁星留居之。"又《淮南子·天文训》曰："岁星之所居，五谷丰昌。其对为冲，岁乃有殃。"故据岁星占辞，岁星所居之分野，邦将有福。当时岁星留居于斗牛之次，斗牛即吴越之分野，为今东晋之地，故按甘氏占的说法，岁星居吴，福德在吴，不可以伐吴。又按《乙巳占》的说法，岁星所在处即东晋，为天之所右，不可以攻，攻之必受其祸殃。《天文训》所说"其对为冲，岁乃有殃"，指的就是今年秦国为有灾殃之年。这是因为，东晋的分野为斗牛，为岁星留居的福德之地，而苻秦的首都在长安，东井的分野为秦，故苻秦的分野又正好与斗牛相对，斗牛为北方七宿之首，东井为南方七宿之首，恰相距半周为对，则苻秦为今岁有殃之年，故不可以伐晋。

其次说说镇星。镇星就是土星，也叫填星。《乙巳占》曰：“填星主福德，为女主，所在之国有福，不可以攻伐，称兵动众。”“所在之国大吉，之为聚众、土功，所在之分，成国君而兵强。”这就是说，土星也为福星，按《乙巳占》的说法，土星所在之国有福，兵强马壮，不可以攻伐。它只可能得到土地，而不可能失去土地，故若攻之肯定不利。现今岁星、土星都镇守在吴越分野，这就等于给东晋政权作出了双保险，天象告诉人们，晋国不可以伐，伐之必自受其殃。

最后再说说彗星。《荆州占》曰：“彗星出，必有反者，兵大起，其国乱、亡。”又曰：“彗星见，则敌国兵起。得人者胜。”京房曰：“君为祸，则彗星出。”彗星为除旧布新之星，凡是彗星出现，就预示着即将改朝换代，按照上引京房的说法，君为祸则彗星出，可见苻坚将要遭受祸殃了。又按照《荆州占》的说法，彗星出，其国乱亡。现今彗星出现在东井之分，其分野正在秦地，也为苻秦败亡之兆。由以上三条独立的天象的同时出现，都显示出出兵于苻秦不利，故众大臣都反对苻坚对东晋用兵。苻坚不听众人劝阻，终于导致淝水之战的失败。

淝水之战，是中国历史上以少胜多的著名战例之一。苻坚出兵90万南征，东晋集兵仅8万与之相抗。苻坚虽曰兵多，但各怀异志，缺少战斗的意志和目的。而东晋之兵虽少，但将士同心协力抗击强敌，东晋大将谢安、谢玄等，都是著名的军事家。会战于安徽淝水一带之时，谢玄用计约秦军撤至淝水之北决战，秦军一退即不可止，晋军及时追击，秦军大败。秦军溃兵逃跑之时，闻风声鹤唳，草木皆兵。晋军及时收复

⊙图57
淝水之战的功臣谢安像
引自《三才图会》

了许多失地。这就应在上引土星占“所在之国有福”、“得土”上。苻坚逃回长安之后，不久即为姚苌所杀，前秦王朝由此也土崩瓦解。这也应在前引岁星占“不可以攻，攻之必受其祸殃”上；也应在上引彗星占“兵大起，其国乱亡”上。

苻坚不信星占，本没有什么错误。但在胜利面前盲目乐观，不再审时度势，违反将士意愿，一意孤行，却犯了兵家之大忌。这才是决定前秦败亡的真正原因。

第十一章 九月的星空

第十一章

九月的星空

第一节 牛宿和女宿

九月的中星是牛宿和女宿(见图58)。牛宿六星，似两个相连的三角形。在赤道之南10余度处，银河的东边。其南正与黄道相接。牛宿诸星，均为3–5等的小星。牛宿是中国历史上最早的冬至点。故《易传》曰："日月五星起于牵牛。"即是说，日月五星的运动，皆从牵牛开始起算。

女宿四星，在牛宿的东北部，赤道之南，黄道以北。《史记·天官书》曰："牵牛为牺牲，其北河鼓。河鼓大星，上将；左右，左右将。婺（wù）女，其北织女，织女，天女孙也。"在这里，《天官书》明确地将牛宿、女宿与织女、

⊙图58
九月中星图
牛宿、女宿位于南中，天津、瓠瓜星位于北方中天

河鼓区分开了。织女、河鼓在牛宿、女宿的北面，《天官书》将女宿称为婺女。又将牛宿称为牵牛星。这就是说，《天官书》只将牛宿看作牵牛星，而民间将河鼓称为作牵牛星的说法，在《天官书》中没有得到反映。在《晋书·天文志》及其它天文文献中，也很少认为河鼓为牵牛。不过，河鼓为牵牛，也确有文献依据。例如，《史记》索隐引《尔雅》云："河鼓谓之牵牛。"又引孙炎云"或名河鼓为牵牛也"。故牵牛有为河鼓和牛宿两种说法。至于女宿与织女的区别则是明确的，织女为天孙，又曰为天子女，即织女为天帝的女儿，具有贵族血统。而女宿即婺女，即民间贱妾之称，是为妇女中的卑贱者。索隐又引《广雅》云："须女谓之务女。"务女为婺女之同音异写。当理解为需要作劳务的女性，即贱妾。故正义曰："须女，贱妾之称；妇职之卑者，主布帛裁制嫁娶。"即这种妇女负责织布、裁衣、制衣，及侍候有身份男女的嫁娶事务。

《晋书·天文志》曰："离珠五星，在须女北，须女之藏府，女子之星也。"石氏对离珠星的含义和功用作了进一步的阐述："离珠星者，御后宫离袿衣也；环珠，后夫人之盛饰也。主进王后之衣服也。"由此可知，离珠的直接含义为女子出嫁时的衣服和成串的珠子。其广义为为王室妇女制作的名贵衣服和饰物。它为婺女对王室必需承担的劳务。由此推而广之，便得占语为离珠明则后宫安，不明则宫人不安。

《尔雅·释天》曰："星纪，斗、牵牛也。"星纪为中国黄道带上十二星次的第一个星次。从字面含义来看，星即是指星辰，纪就是指纪录，纪始。其含义为利用星座为背景，计量天体的方位、距离和行度的起始点。含有用星来计量之义。陈遵妫《中国天文学史》说："星纪的中央，相当于冬至点"。这个说法是正确的。故中国天文学对天体位置和行度的测量和计算方法，都是从冬至点即星纪开始计算的。

第二节 织女、河鼓、左右旗和天津星

织女三星，位于赤道北约40°处，银河的西边，与河东的牛郎星遥遥相对。织女星的东面为辇道和天津星，其西南为天市垣。织女一为全天第五亮星，为0等星。就北天众星而言，仅比大角星略暗一点，为北天第二亮星。《荆州占》曰："织女，一名天女，天子之女也。在牵牛西北。鼎足居，星足向牵牛、扶筐，牵牛、扶筐星亦常向织女之足。"故织女三星呈三角形，鼎足而居。其二、三颗小星，似织女之足，一颗向牵牛，一颗向扶筐，当织女中天之时，两足正对着东方，故《夏小正》有七月"初昏织女正东乡"，东乡，就是"东向"，织女足对向东方的意思。

石氏曰："河鼓三星，旗九星，在牵牛北。"是说河鼓三星在牛宿的北面，银河的东面。

河鼓二为1等大星，也是全天第十一亮星，它在牛宿的北面。隔着银河又与河东北的织女星遥遥相对。《黄帝占》曰："河鼓，一名天鼓。"郗萌曰："河鼓星，主军鼓，主斧钺，主外关州，又主军喜怒。"石氏曰："河鼓旗扬而舒者，大将出，不可逆，当随旗之指而击之，大胜。"这就表明了河鼓星名的含义。河鼓又名天鼓，主管军鼓。军鼓显示出军队的动向，故推而广之，河鼓三星又与主将有关。左右旗是河鼓星的附座，左旗九星在河鼓左上方，右旗九星在右下方。军鼓与军旗是相辅相成、互相配套的。鼓旗出场的方向，预示着军队将出行的方向。《晋

书·天文志》进一步指出："旗即天鼓之旗，所以为旌表也。左旗九星，在鼓左旁。鼓欲正直而明，色黄光泽，将吉；不正，为兵忧也；星怒，为马贵；动则兵起；曲则将失计夺势；旗星差戾，乱相陵。旗端四星，南北列，曰天桴（fú），鼓桴也。"所以军鼓和军旗的状态是军队优劣状态的标志，星占家通过对鼓、旗状态的观察，便能判断出军事状态的好坏。《晋书·天文志》称旗端四星曰桴，桴即敲打军鼓的鼓槌。《晋书·天文志》所言旗端的方向不明。实际上，天桴星在河鼓的正下方，介于离珠和右旗之间。

银河从河鼓星的右面向东北斜向继续北上，在河鼓正北的不远处，有天津星9颗。津为渡口之义。天津即天上的银河渡口。天津星是一个明亮而且著名的星座，其中天津四为1等星，为全天第十九亮星。它横跨银河，象天上的一座桥梁，天神从京都或紫微垣出发，沿着辇道，直通银河边，再越过天津，便可到达银河的彼岸。我们可以设想，银河东岸农丈人生产的粮食、瓜果，婺女制作的离珠等，正是由这条通道送达紫宫的。东征的军队，军旗蔽日，鼓声震天，也正由这个通道到达彼岸。在天津桥旁，不仅辇道可以抵达，银河中也可由天船运输。在天津的左上方，有车府七星，那里是对车辆进行保养管理的地方。其右上方有奚仲四星，正在制作车辆。相传奚仲是车辆的发明者，又为夏代的车正，故在星空世界中也保留有他的位置。

在河鼓星的东面，牛宿、女宿的北方，有瓠瓜和败瓜星各5颗。它与斗、女二宿正南方的天田四星遥遥相对。瓠瓜即葫芦，其嫩者可以食用，老了之后又可以作杓使用。败瓜即腐败之后的瓜，它与瓠瓜相连，且在其下，当为瓠瓜腐败所生。

又织女下足有渐台四星。渐台就是古代的天文台，主管晷漏律历之事。它与

明堂西的灵台是有所区别的，灵台主要负责观候，而渐台负责晷漏律历。军情紧急，在军队中也要使用晷漏计时。大约正是这个原因，天文学家将渐台星置于河鼓和左右旗的旁边。

第三节 牛郎织女的故事

一、牛郎织女星的相互关系及其位置变化

如上所述，后世的中国天文文献都说牛宿的北面为河鼓，牛宿即牵牛，河鼓即军鼓。但《尔雅》等文献却说河鼓为牵牛。河鼓为牵牛的说法似乎不为中国古代的天文学家所接受。但实际上，不但中国近代民间均将河鼓星称为牛郎星，即使中国上古的民间，也将河鼓星作为牵牛星。河鼓为牵牛，是不应该有争议的。后世所谓牛宿为牵牛，也许是一种误解。河鼓即牵牛星，牵牛俗称牛郎星，位于银河以东，赤道以北。其中河鼓主星为1等星。在牛郎星的西北方向，越过银河，有织女三星。织女大星，即织女一，为全天第五亮星，星等为0等。织女的两颗小星，大致成南北方向，向着东方，古人通常称之为织女的两只脚。

由于牛郎、织女星是秋季夜空中最为明亮的两颗星，又都位于天顶方向，故很早就受到人们的特别关注。牛郎星大约在北纬10°，织女约为北纬40°，而且隔着银河相望，故引起人们的无限遐想。从中国最早的永年历书《夏小正》主要以参星、大火星和织女星定季节可以看出，织女星受到人们关注的历史，要比附近的牛宿、女宿等较暗的星座早得多。

正是出于这种考虑，目前中国天文史界普遍认为，先民对星座的认识，先

有牛郎织女星，由于牛郎织女星离黄道较远，尤其是织女星，距离黄道达60°，将它们作为黄道带的星座二十八宿来使用时，就很不方便。日月五星是沿着黄道运行的，它们无论何时都不会运行到牛郎、织女星这个位置，因此，就很难将牛郎织女星作为二十八宿之一的座标来使用。但牛郎织女星早在人们心目中留下了深刻的印象，很难将它们完全抛弃，在建立二十八宿体系时，可能正是出于这一考虑，人们才将临近黄道又与牛郎织女星经度相近的星座命名为牛宿和女宿，以达到替代牛郎织女星作为二十八宿的目的。但牛宿和女宿虽然距黄道较近，其亮度比牛郎织女星要暗多了，都为3、4等以下的小星，而且星数也不相等。牛郎星和织女星各有3颗星，牛宿却是6颗，女宿为4颗。

自从人们认识到岁差现象之后，尤其是懂得赤极也在移动之后，由于牛郎星距黄道较近，织女星距黄道较远，虽然牛郎星在银河的东边、织女星在银河西边这种位置不会改变，但人们发现随着岁差的变化，二者赤经的先后却能发生逆转。具体地说，现今牛郎星在东、织女星在西，但据推算，公元前3000年之前，织女星则偏在牛郎星之东。

自从有文字记载的历史以来，牛郎星都是位于织女星之东的。但人们发现，二十八宿中牛女的排列却是牛宿在西、女宿在东，它们与牛郎织女的排列方向正好相反。这是为什么呢？于是有人就作出了一个大胆的推想，既然牛女二宿之名源出于牛郎织女星，它们排列的方位就应该一致，那么依据岁差原理，中国二十八宿的形成时代，当在公元前3000年之前。因为只有在那个时代，牛女二宿与牛郎织女星的排列方向才是一致的。

根据岁差原理，我们还可以往后更推想一步，当11000年以后，北极星就将

⊙图 59
清吴友如牛女图

移至织女星附近。到那个时代，天上的星星才真正要发生天翻地履的变化。现今牛女二宿差不多是二十八宿中位于赤道的最南端星宿，而当北极位于织女星附近时，牛女二宿就将位于赤道以北，又成为二十八宿中距北极最近的星宿了。

二、古代文献中的牛郎织女星

在儿时听到的故事中，牛郎织女的爱情故事，是诸多故事中印象最深也是最为动听的故事之一。相传古时有一个孤儿，依靠哥嫂为生。嫂子是一个狠毒的女人，孤儿受尽虐待。后来狠心的嫂子还是把孤儿赶出了家门，只给了他一条老得快不能动的牛。孤儿伴着老牛过着孤苦的生活，人们便称这个孤儿为牛郎。谁知这条老牛原来是天神下凡，有一天，天上的一群仙女下凡游戏，在河里洗澡。老牛劝牛郎藏起织女的衣服，于是，织女便留在人间，做了牛郎的妻子。他们男耕女织，生下一对儿女，生活过得平凡却美满幸福。老牛料知天帝决不会放过私自下凡的织女，一定会将织女押回天廷，在临死前吩咐牛郎剥下它的皮，告诉他将来只要将皮披在身上，便能上天寻找织女。后来，不幸的事情果然发生了。天帝查明在天上为天帝织布的织女私自下凡，便派王母娘娘将织女押回天廷。牛郎得知此事，便挑起一对儿女，披上牛皮追

赶。老牛的话果然灵验，王母娘娘没料到牛郎竟能上天，为了阻止牛郎追上织女，她便用金簪凌空一划，顷刻间一条波涛汹涌的大河出现在牛郎和织女之间，这便是人们常见的银河。于是夫妻双双只能对河饮泣，这悲惨的情景终于感动了天帝，于是破例允许他们在每年的七月初七这一天相会，并且由乌鹊为他们在河中架桥铺路。

牛郎织女的故事，是如此美丽动人，扣人心扉，以至于人间分居两地的爱侣，在七夕之夜，更会面对天上的牛郎织女星，寄托无限的思念之情。历史上，有许多文人学士，为其写下了动人的诗篇。例如，宋代诗人秦观《鹊桥仙》曰：

纤云弄巧，飞云传恨，银河迢迢暗渡。金风玉露一相逢，便胜却人间无数。

柔情似水，佳期如梦，忍顾鹊桥归路。两情若是久长时，又岂在朝朝暮暮。

当然，牛郎织女一年一度相会，只是人们虚构出来的神话故事，它反映出人们同情牛郎织女遭遇的善良愿望。从牛郎和织女两个星座来说，是不可能相会的，关于这一点，唐朝诗人杜甫早就指出过，他在《牵牛、织女》诗中说："牵牛出河西，织女处河东。万古永相望，七夕谁见同。"这就是说，所谓七夕牛女相会，在科学上是不可能的，那只是人们相象出来的一个神话故事，谁也没有见到过七夕相会。所谓七夕乌鹊架桥，也都出于虚构。

记载乞巧节之事，首见于《荆楚岁时记》："七月七日是夕，人家妇女，陈瓜果于庭中，以乞巧，有喜子网于瓜上，则以为应符"。喜子即蜘蛛，是取其第二天在其上结蛛网的吉兆。由此可知，在一部分人的心目中，七夕节是妇女的

⊙图 60
长安县斗门镇汉昆明池牛郎织女石象及遗址

节日，俗称女儿节。乞巧节，至唐代盛极一时，据《开天遗事》记载：“明皇与贵妃七夕宴华清宫，列酒果于庭，求恩于牛女星。各提蜘蛛，闭小盒中，至晓，以网稀密为巧候。至今士女效之。”

首先必须明确指出，傍晚时出现在上空的牛郎织女星，以及附近的银河星空，正是唐宋时七月傍晚所见的星空背景。故《夏小正》曰：“七月汉案户”，“初昏织女正东乡”。据注文解释，“正东乡”的意思是就是指织女之足正指向东方。《诗·大东》就载有诗人对牛郎织女星的咏叹。古诗十九首赞叹了牛郎织女被分隔在天河两边不得相会的思念之苦。可见有关牛郎织女的故事记载不仅丰富而且十分古老。

有关牛郎织女故事的中国石刻也不少见。较早见载于班固《西都赋》就说：“临乎昆明之池，左牵牛而右织女，似云汉之无涯。”李善注引《汉宫阙疏》曰：“昆明池有二石人，牵牛、织女象。”由此看来，早在西汉首都长安昆明池旁，就建有记载牛郎织女故事的石象，据《汉书·武帝纪》记载，昆明池建于元狩三年（前120年），可见早在公元前2世纪以前，牛郎织女的故事就很流行了，甚至被园林建筑引用于石刻加以渲染。至东汉时，这种故事便更为常见，四川郫县出土的东汉石棺盖上，就刻有牵牛、织女的画象。画中牛郎在挽牛追赶织女，牛也在四腿腾空奔跑，姿态生动；织女则执梭向下凝视，表现出被隔河的两旁不能相聚的痛苦之状(见图60、61)。

第四节 蜀人浮槎访牛郎的传说

⊙图 61
四川郫县东汉墓石棺牵牛织女图拓片

晋人张华在《博物志》杂说中，记载了一个蜀人乘筏了浮海上天访问牛郎星神的神话故事，也很有意思。按古人的说法，天上的银河与大海是相通的。也有人居住在海滨之地，每年的八月之中，都可以看到有人乘筏子往返，来去都有一定的时间，从来不失误。有人见到这种情况，便想出一个大的计划。他找来一个筏子，在筏子上盖了个小屋，以供休息之用。然后他便带足了粮食，就乘着这个筏子浮海而去。在海上航行的前十余日中，还可以看到日月星辰的出没和昼夜的循环变化。又过了十余日，他就只能见到茫茫忽忽的状态，不再觉得有昼夜的变化了。忽然，前面出现了一处地面，建有城市和房屋，甚为严谨壮观。再遥望宫廷之中，有许多织女在织布。有一名男子，手牵一条牛，走到水边让牛喝水。牵牛人见到这个乘筏子的人，便惊奇地问道："你为了什么到此啊？"乘筏人说明了来意，并问牵牛人这是什么地方？牵牛人回答说："你回到蜀郡以后，去问问严君平就知道了。"乘筏人不再上岸，也不再向前航行，又乘着筏子如期返回。他到了蜀地，见到了严君平，问及此事，严君平说："某年某月某日，有客星犯牵牛。"乘筏人计算日期，那一天正是他到达天河之时。

从记载的内容和方式来看，这则故事并不是真实的，更不是实地考察的记录，而是晋代文人仅凭传说和想象虚构出来的。但是，从研究古人对宇宙和银河的结构和实质认识的角度出发，它仍然有史料价值，因为它如实地反映了古人关于银河与大海相通的信念。而且，人们相信只要有决心有胆量去做，通过长途泛海，就能通过银河到达天廷。有趣的是，这则故事的主人翁，并不是用巨大豪华、性能优良的超级大船去探险，仅仅使用一只简陋的竹筏子，且独自一人完成了这一壮举。这一点更反映出古人的想象和认识事物的质朴。

这则故事虽然是虚构出来的，但却很有名，曾多次为人们介绍和引用。明代郑和曾率领舰队 7 次下西洋，考察各国物产、风俗制度和航程的情况，后人将考察的记录整理成书，书名叫《星槎胜览》。其中星槎一名，就源出于此。槎就是竹筏子。星是指星象。整个书名的含义为，乘着竹筏，观测星象，考察各地风俗、民情而作出的趣事逸闻记录。故事中讲到日月星辰，而郑和的船队则确实用观测星象的出没方位进行导航。郑和的船队是坚固巨大的，书名仍用星槎二字，仅是漂洋过海的一种借辞。

自此以后，关于浮槎上天河的故事还有进一步的误传。例如，《荆楚岁时记》等书，又将浮槎附会为张骞通西域的故事。认为张骞乘槎自黄河溯流而上，直"至天河女宿之度"。所以，在古人看来，浮槎上天，可以有泛海和自黄河溯源两种途径。中国自古就有黄河与天相通的传说，故诗仙李白有"黄河之水天上来，奔流到海不复还"之叹。

蜀人浮槎考察天河访问牛郎的故事中，惟一载有姓名的便是严君平，但他的生平事迹没有流传下来。据故事记载，他是一名民间的星占家，他不但熟知星空的分布，而且一刻不停地在观察星空异常天象的出现。故事中的浮槎人访问牛郎的这个时刻，也没有逃过他的眼睛。由于浮槎人访问了牛郎，在星空中即表现出客星犯牛郎星的天象。从这里也可看出中国古代星占学家可以通神的巨大作用和勤奋观测的敬业精神。

⊙图 62
张骞游银河想像图

第十二章

十月的星空

第十二章

十月的星空

第一节 虚宿和颛顼

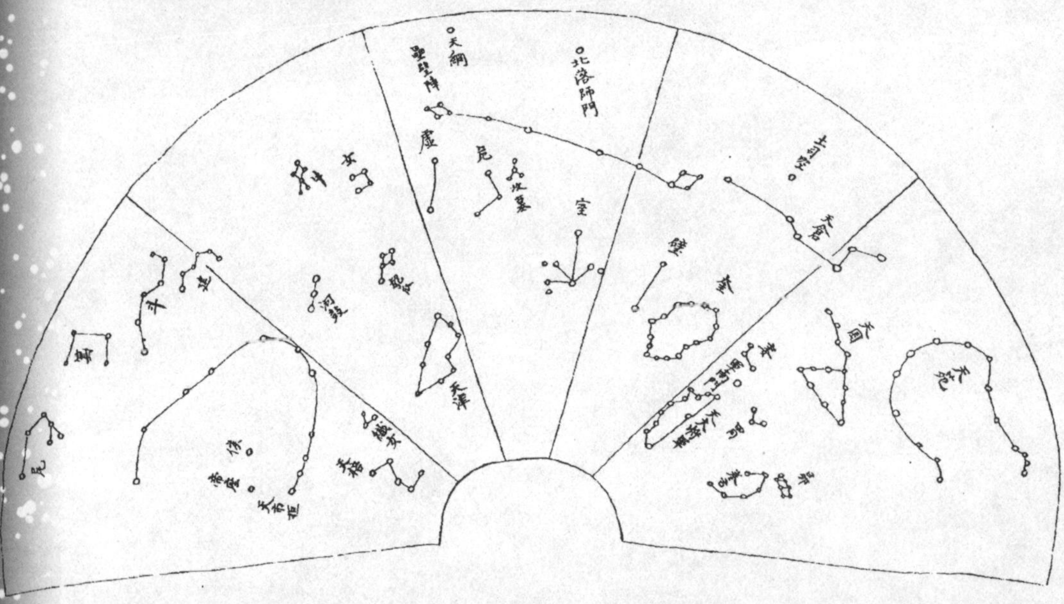

⊙图63
十月中星图
虚宿、危宿位于中天，垒壁阵、北落师门位于南中天。龟星和蛇分别见于东北和西南方

十月的中星是虚宿和危宿(见图63)。虚宿二星，横跨赤道，均为3等星。其西南临女宿，东北靠危宿，黄道从其南部不远处通过。虚宿的东南为垒壁阵。《黄帝占》曰：“虚二星，主坟墓，冢宰之官。十月万物尽，于虚星主之，故虚星死丧。”甘氏曰：“虚，主丧事，动，则有丧。”这些说法，都是星占家对虚宿星名的解释和发挥。农历十月，太阳进入北方七宿，虚宿是冬季的象征，故曰万物枯尽。由此推理到动物界和人类，推理为虚星动摇，则有死丧，故虚星管理着死丧之事。正因为虚宿管

理着死丧之事，所以在它旁边有两个附座，名为哭星和泣星各二。哭是指大声的嚎哭，泣则是无声的悲伤，又称饮泣。这是应顺着虚主死丧这个事务而派生出来的。哭泣之事，应在丧事上，故《荆州占》曰："虚中六星，不欲明，明则有大丧也。"

然而，虚星的名义仍然含糊不清。虚的本义是什么呢？有人曾对此作过解释，认为虚即虚耗之义，应在北方玄武的消亡上，它与春夏之生长季节相对应。我们认为这是一种似是而非的解释，对于弄清虚星含义仍然无补于事。笔者以为，虚是顼之假借词。顼是颛顼之省称，虚为顼字之同音异写。颛顼为远古伟大的古帝之一，在古帝中排位在北方属水，正与黄道带之北方七宿相对应。颛顼的活动中心在山东河南一带，正与北方七宿之虚宿分野相对应。颛顼的后裔颛顼族曾经非常强大，也分成南北两支向不同方向迁移。山东琅邪郡有虚山，正是作为颛顼后裔的生存地而得名。故《尔雅·释天》曰："玄枵，虚也。颛顼之虚，虚也。北陆，虚也。"虚，就是颛顼之顼。颛顼族在远古对华夏影响之大，并非一世所致。《春秋命历序》曰："颛顼即高阳氏，传二十世，三百五十岁。或云传十世。"故后世天文学家将颛顼作为天上的星座之名，以示纪念。

第二节 危宿和危人的故事

危宿三星，正位于22时区线上。危宿已经越过赤道以北，仅有危宿一还停留在赤道附近。危宿的西南为虚宿，东北则为著名的冬季大方块星座营室四星。黄道从其南部通过。在黄道的东南上，已越过黄道之南，有垒壁阵和北落师门诸星。除危宿三为2等外，危宿其余两颗均为3等小星。在危宿的东南方，有危宿的附座坟墓四星。

石氏曰："虚危主庙堂，祀考妣，故置坟墓，识先祖茔域。虚危五星，为祠堂，坟墓四星，祠祀享。”又《石氏赞》曰：“坟墓四星，主悲凉也。”正是由于虚、危二宿是主庙堂之事的，所以，它们的工作与祭祀考妣有关。是祭祀祖先的地方，所以在危宿的东南置坟墓四星，表示先祖的坟墓星座。在面对祀祖和先祖坟茔，让人怀念失去祖先的悲凉，故于虚宿旁有哭、泣两个附座。

在北方七宿中，除虚、危二宿的星名含义不清外，其余都很明白，例如，斗就是杓，牛宿就是牛，女宿就是女人，营室就是营造宫室，壁宿就是墙壁。以上我们已经对虚宿的真实含义作出了解释，现在再来解释危宿。对危字应作如何理解呢？是危险、危害之义吗？显然不是。

何光岳在《南蛮源流史》第二章中，再次为我们解答了这个问题，他说：“《楚辞·九叹·远游》：‘驰六龙于三危兮，朝四灵于九滨。’注：‘言乃驰六龙过于三危之山，召西方之神，会于大海九曲之崖也。’亦指三危之山在西方。《广弘明集》卷七引荀济《请废佛法表》云：‘乃至舜时，窜梼杌(táo wù)于三危。’……三危的地望，似应在今之洮水入黄河地带，包括现在的兰州在内。三危最早是一些民族的名称，后来变成地名……三危进入中原，改名九围（危），即《商颂》帝命式于九围的围。这个三危、九围（危），即系部落的繁衍分支所成。这支东迁的三危人，可称为东支危族。他们循着秦岭、黄河以南，一直东迁到山东半岛，所以那里留下了危山的地名。《水经注》‘汶水西迳危山南’……在今山东东平县，又章丘县南四十里也有危山……从星象学来确定危部族的方位，如《晋书·天文志》称：‘虚危，齐，青州。’危宿主要在济南、乐安、东莱、平原、甾州五郡，即今山东中北部一带。章丘、东平正在其范围内。所以，由危人所居的危山，而命名天上的危宿，完全吻合。至于危的含义，据《山海经·中山经》云：‘有兽焉，其状如龟，而白身赤首，名曰蛫，是可以御火。’……《本草纲目》说：‘蟹六足者叫蛫，有大毒，不可食。’原来仍是一

种六足的大毒蟹，危人以这毒蟹为图腾而成为族名。”

原来危宿之名来源于危族和危人。危族在上古时是一个强大的民族，本出于西羌，分东西两支，西支向敦煌、新疆等地发展；东支随夏人进入中原，在夏代强盛起来，商灭夏后，危人受到很大打击而分散四流。在山东中部、北部一带留下许多印记。如东平、章丘等县都有三危山之名，就是因三危人居地而得名。何光岳所述东危族一支生活的地域东平、章丘一带，即古青州地域。而西部兰州、敦煌一带，即并州地界，三危人即《史记·五帝本记》所载流四凶之一三苗的北支，正义引三危山在敦煌东南三十里。这些地区，正属于北方七宿之虚危室壁之分野，是与分野理论完相相合的。即使是从民族的图腾而言，也相一致。北方玄武为龟蛇，而据前引《中山经》载危人图腾如龟，正好说明这一点。由此我们便十分明确地找到了危宿星名的来历。

在虚危二宿的正北方向，自西南向东北斜向排列，有人星5颗、臼星4颗及杵星3颗。这又是一组三个相关联的星座。以上我们介绍河鼓星座时，曾同时介绍了星空进军的阵势齐全。但军马未动，粮草先行，军粮的供给是首要任务。这三个星座，是专门表现舂军粮场面的。有舂粮食的普通平民，有臼有杵。3颗杵星成一直线，其一端正对着臼星的中间。依据星占家的设想，这3组星都明亮时为丰年，暗弱则岁饥。在虚危的南面，还有败臼四星，主凶灾。故要求星暗弱，星弱则天吉民安。

第三节 玄枵名称的由来

女、虚、危三宿，对应于玄枵星次。每个月都对应于一个星次，本书在逐月介绍星座的过程中，其所对应的星次的含义，也都作了介绍。那么，玄枵的含义是什么呢？

玄，具有深远、清静、微妙之义。在古代天文学上，常被用作冬季和北方的代表。具有黑而红或黑而黄之义。《释天》曰：“玄枵，虚也。即玄枵对应于虚宿。枵也有虚的含义，虚即虚耗之义。故从狭义及字面含义来说，玄枵这个名词，具有深远虚耗之义。但是玄枵的本义是什么？仍然没有弄清楚。

《开元占经》曰：“玄枵，黄帝之适子也。”据《史记·五帝本纪》等史书，黄帝之长子名玄嚣，为元妃螺祖所生，被封青阳之地，故号曰青阳。据后人考证，叫青阳地名的有多处，大致在山东聊城一带。有多处青阳的原因是这支青阳氏曾多次迁移所致。玄嚣生蟜极，蟜极生帝喾。玄嚣和蟜极都未能担任华夏部落联盟的酋长，也就是“不得在帝位”。直至帝喾，才又登上帝位。帝喾姬姓，又名高辛氏。高辛因“帝喾年十五佐颛顼有功，封为诸侯，邑于高辛”。帝喾年三十登帝位，有才子八人：伯虎、仲雄（熊）、叔豹、季狸等“佐其帝功”。从这八个才子之名，可以看出他们都是以勇猛动物为图腾的部落首领。故帝喾的肋手，大多也是黄帝族的支系。帝喾年六十三岁而崩，由其长子挚继位，称为帝挚。

中国古代有以著名的神话故事和英雄人物作为星名的传统，玄嚣虽然没有在帝位，但因为是著名古帝帝喾之祖，故死后成为星次之神。又因其后裔挚被封于今河北唐县，这些地域，正是齐国的地界，也即古青州之地。青州之名，源出于远古青阳，而青州即齐地，在分野上属于北方七宿。《汉书·地理志》说：“齐地，虚危之分野也。”《天官书》曰：“虚危，青州”。而玄枵之星宿为女、虚、危，这正是玄嚣为玄枵的铁证。由此可证玄枵的名称，即取自黄帝长子玄嚣。推而论之，以上所述虚宿之虚即颛顼之顼，也当信而有证。

一、从玄武的本义说起

在黄道带四方星中，东方苍龙为龙，南方朱雀为鸟，西方白虎为虎，但北方的玄武是什么东西呢？其含义很不明确。后世文人对玄武的注解，有的说是龟，有的说是蛇，有的说是龟蛇合体。但就其含义来说，它既无龟、也无蛇之含义，是古代人们将玄武定为龟蛇之后的既成事实的说明，并未接触到玄武含义的本质。那么，玄武的本义是什么呢？

关于这个问题，在近世的学术界已有定论，只是尚未为当今天文史家所普遍认识和接受，今介绍如下。

有人曾对玄武的含义作过猜测性的解释，认为龟蛇好争斗，故称之为武，其全部含义为黑色的武，即黑色的龟蛇。我们认为这是望文生义的结果，没有涉及到玄武的本义。

《后汉书·王梁传》在解释玄武的含义时说："玄武，水神。"李贤注曰："玄武，北方之神，龟蛇合体。"说明玄武为龟蛇，它既与水有关，又与北方有关。其实，中国古代的天文学家既将玄武分配于黄道带的北方，按照中国古代方位与五行的对应关系，北方为水，又与颜色的对应关系为黑色，那么，李贤注玄武为水神和北方之神，也就没有什么神秘了。但是武为什么是龟蛇仍然不着边际。

《山海经·海内经》说："帝俊生禺号，禺号生滛梁，滛梁生番禺，是始为舟。"是说滛梁是舟的发明者。既然发明用舟，可见他们早就与水打交道，是长期生活在水边的民族。又《大荒东经》说："东海之渚中有神，人面鸟身，珥两黄蛇，践两黄蛇，名曰禺虢(hào)。黄帝生禺虢，禺虢生禺京，禺京处北海，禺虢处东海，是为海神。"是说禺虢、禺京这两个人均为海神，经常与海打交道。郝懿行疏曰："《大荒东经》言黄帝生禺虢，即禺号也。禺号生禺京，即滛梁也。禺京、滛梁声相近。"何光岳在《百越源流史》、袁珂在《山海经校释》中，均赞同郝的意见。在一般人看来，禺京与滛梁两个名字差异太大，是不能相通的。但是他们指出，京字的古音，也读作凉，那么，禺凉与滛梁的读音也就相近了。由于禺京位于北海，故成为北海之神。禺京这个北海之神，便是这里需要介绍的主人翁。

《海外北经》说：“北方禺强，人面鸟身，珥两青蛇，践两青蛇。”郭璞注曰：“字玄冥，水神也。庄周曰‘禺强立于北极’，一曰禺京。”由此我们得知，禺京又叫禺强，字玄冥，为水神。又《说文》曰：“鲧(gǔn)，鱼也。”《玉篇》曰：“鲲(kūn)，当为鲸。”《说文》也说：“鲸，又作鳢(qíng)，大鱼也。”《玉篇》也说：“鲸，鱼之王。”鲸古也读qíng，与鳢同音异写，实为一个字。由此看来，鲧，又作鲲，即鲸鱼的化身(见图64)。

那么，玄冥与玄武之间，是什么关系呢？很多学者都不明白为什么玄武就是龟蛇。丁唯汾在《俚语证古》中说：“武，古音读没。为冥之双声音转。”即丁唯汾指出玄武与玄冥，在远古的读音是一致的，武当读没音。所以，玄武即玄冥，玄冥为夏民族的祖先、夏禹之父鲧的字，鲧的本名曰禺京。玄冥为帝尧时的水正，他曾带领群众负责治水九年，据说主要使用堙塞的方法。由于治水不当，鲧为帝尧殛死。后再用其子禹，以疏导的方法而获得大治。但是据有人研究，鲧治水不能说无功而完全被否定，不然就不会受到人们立庙祭祀了。何光岳曾指出，鲧就是被舜流放的四凶之一梼杌。事实上，在《国语·吴语》、《淮南子·务修训》等书中，都是将“鲧禹之功”并载的。屈原《离骚》说：“鲧婞(xīng)直以亡身兮，终然夭羽之野。”杨昭儁《吕氏春秋·补注》更直接说“鲧与舜争位，欲以为乱”，被当作四凶而予以打击。所以，鲧不仅治水有功，《吴越春秋》还说“鲧筑城以卫君，造郭以守民。此城郭之始也。”是说始筑城郭也是鲧的功绩之一。

⊙图64
强良神像
引自《山海经图集》。强良为鲧的化身。出自北山经，象征其基地在中国北方，也对应于黄道带的北方星座。口衔蛇、虎首人身的形象，虎首象征其出身西羌，蛇表示其图腾

现今仍有许多地区建有真武庙，便是先民祭祀玄武即夏民族的地方（见图65）。

二、夏越民族的龟蛇图腾崇拜

《庄子·大宗师》曰：“北海之神，名曰禺强，灵龟为之使。”是说夏民族的远祖禺强即禺京，是灵龟的化身。禺京即鲧。《史记·夏本记》正义曰：“（殛）鲧之羽山，化为黄熊，入于羽渊。熊，音乃来反，下三点为三足也。”《尔雅·释鱼》也说：“鳖三足为熊。”即将鲧作为神龟鳖的化身。又《山海经·中山经》载伊水“中多三足龟。”鲧和禹以崇山和伊水、洛水为根据地，故说“多三足龟”。在自然界并没有三足龟，所谓崇山、伊水、洛水多三足龟，其实是鲧、禹的夏民族以龟为图腾的反映。所谓三足龟，是龟图腾的神化。《尚书·洪范》孔传曰：“天与禹洛出书，神龟负文而出，列于背”。是说上天通过神龟，赐禹洛书而得天下，说明神龟在促使夏民族取得统治权所起的特殊作用，故龟被奉为夏民族的图腾（见图66）。

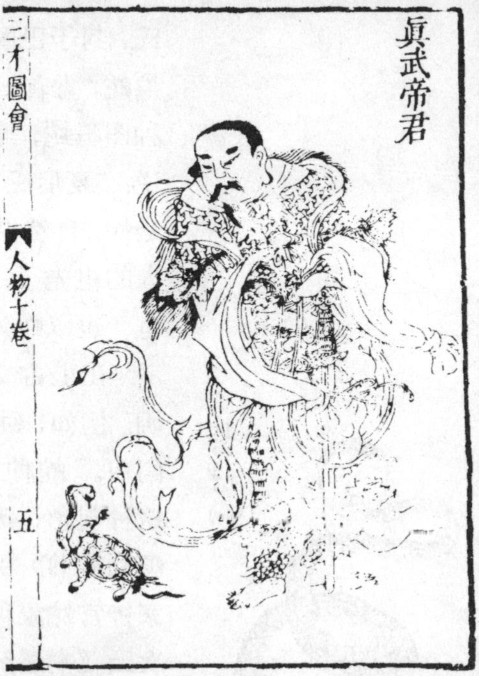

⊙图65
真武帝君神像
引自《三才图会》。真武帝君旁边有龟蛇之象相配

历史上也有夏民族以蛇为图腾的说法。夏族的一个支系涂山氏女为夏启之母。而夏启的一个重臣孟涂，就出自涂山

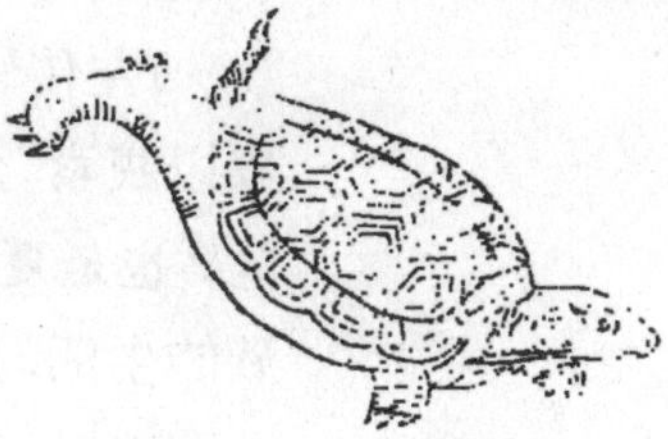

⊙图66
《山海经》中的三足龟

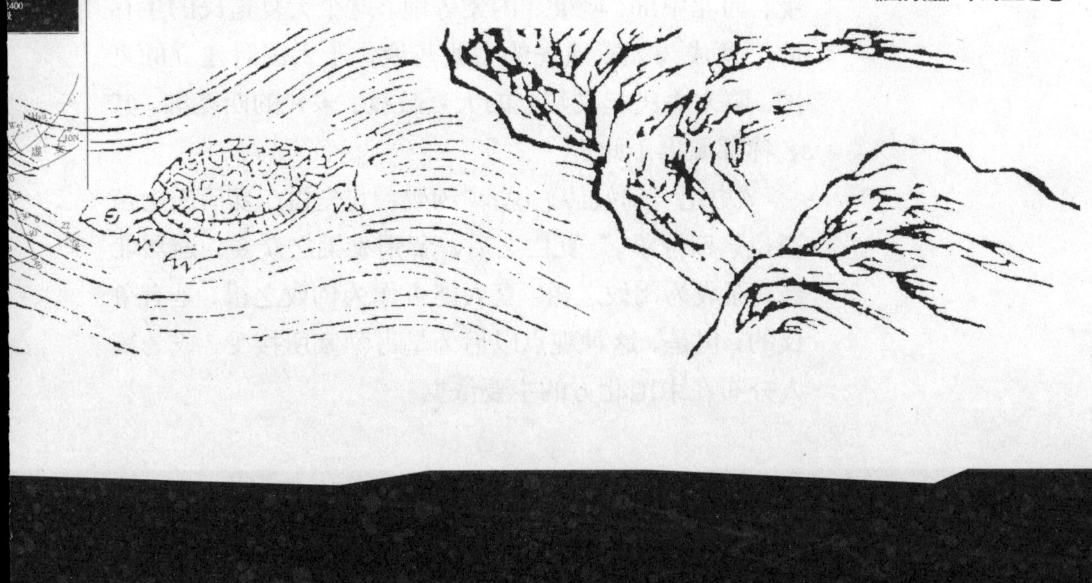

氏，封于巴国。据《大荒北经》记载：“西南有巴国，有黑蛇，青首、食象。”这说明涂山氏就是以蛇为图腾。这种图腾蛇，神奇到了可以吞食大象。而《列子·黄帝篇》说：“夏后氏，蛇身人首。”则直接说明夏后氏的图腾就是蛇。自然界人头蛇身的动物是没有的，更不用说夏族人的祖先了，故只有用图腾观念来解释。可见夏人既以龟、也以蛇为图腾。

在上古文献中，有关越人蛇崇拜的记载就更为明确。例如，《说文解字》说：“闽，东南越，蛇种。从虫，门声。”蛇种之说，就是明确地认为，自己是蛇的后代。这种观念，就是上古先民的图腾意识。顾炎武《天下郡国利病书》引《潮州志》云：“以南蛮为蛇种，观其蛋家神宫蛇象可知。”潮州南蛮之称，即是指越人。又陆次云《峒溪纤志》云：

“其人皆蛇种，故祭祀皆祭蛇神。”祭祖便是祭蛇神，说明越人直至明清时代，还普遍地认为自己是蛇的后裔。两广地区的越人，至近代仍立蛇王庙祀蛇，可见越人先民以蛇为图腾的痕迹是很明显的（见图67）。

⊙图67
《山海经·北山经》所载人面蛇身之神

三、夏越民族的地域分布与北方玄武分野的关系

《左传·定公四年》载“封唐叔于夏墟”，“启以夏政，疆以戎索”。可以看出，山西汾水流域即是所谓大夏地区，也是夏墟的几个主要地区之一。直至周代时，夏民族的生活习俗仍很盛行，故须“启以夏政”。以后这个大夏遗民，随着晋人的发展和扩张，逐渐北迁至山西全境、河北中部、陕北、内蒙等地。这个大夏遗民的生存地，便成为大夏遗民的主要基地。十六国时建立的夏国、隋末农民起义建立的大夏政权、宋代的西夏国，其名称都源出于此。

《史记·匈奴传》说：“匈奴，其先祖，夏后氏之苗裔也。曰淳维。”夏亡之后，荤粥妻桀之众妾，避居北野，而成为匈奴之祖。夏人能否作为匈奴之祖，是有争议的，但是，这种观点以后为星占学家所接受，成为夏人分布在中国北方的主要依据。

夏王朝建立之后，其政治中心有山西夏县、河南阳城、禹县等地。夏灭亡之后，夏族向四方迁移，一部分退回羌人居地，融于羌方。一支与周族结合，即周人所自称的“我有夏”。还有一些支系与其他民族融合，称为“诸夏”。所有这些支系，便成为后来秦汉时形成的汉族的基础。当然，华夏即汉族，东夷族也是其中的一个重要支系。

周人为什么把杞封为夏人之国，以继承夏禹的香火呢？据传建立杞国的东楼公是禹的苗裔，少康之裔孙。这个杞国在夏时即已存在，商时也受到封爵。实际上，杞是夏民族中的一个主要支系，是构成夏族的主要先民之一。《大戴礼记 · 少闲篇》云：“成汤卒受天命，……乃放夏桀，散亡其佐，乃迁姒姓于杞。”将夏王朝的宗族姒姓迁到杞地，以便集中起来监管。集中在杞地的夏人，是夏人遗裔中接受、顺从商人统治的普通人民，而构成夏王朝政权的主要成员，则另作处理。

据研究，夏人又自称楼人，至少夏人的一个重要支系自称楼人。《路史 · 国名 · 丁纪》说：“娄，楼也。本作偻，商所封，即牟娄。曹东之地，一曰无娄。密之诸城有娄乡，牟夷国也。说谓封杞而号东楼，缪。东楼与晋楼、穰异。”说的就是这个道理，凡是夏人居住过的地方，常有娄乡、牟娄、无娄、晋娄、穰娄、娄山、娄江、娄亭、娄林等名称。故被周封杞的东楼公，是其族人的自称，不是杞地的名号，也不是封号。《韩诗外传》云：“北方有兽名曰娄。”这种说法，与《山海经》北方有兽名曰罗罗”的说法相似。

商汤灭夏，桀败亡时，先依附在鸣条，后败走南巢。鸣条，在山西运城，是夏人的主要根据地。桀败亡时退依其地，是可以理解的。汤攻鸣条，夏人支持不住，桀又奔南巢。南巢一说在安徽巢县，当为越人的聚居地之一，桀之所以败依越人，是因为越人与夏人建有同盟和婚姻关系，以后有相当多的夏人融合于越。相传禹死葬会稽，据研究，在河南东部，安徽和浙江都有会稽之名，当为夏越后裔南迁时留下的足迹。

大体上说，越人分布于中国的东南部。其淮河流域有扬越、章越，江南有于越、瓯越和闽越，岭南有南越、骆越等。由于各不相属，故称百越。关于越人的来源，有北来说、南来说和土著说等。但不管如何，在百越中混杂有大批南下的北方移民，当是不争的事实。由于越人对中国上古影响较小，在星占学上只有从属的地位。

夏与越的关系，古人早有评说。《汉书·地理志》说：越人，“其君禹后，帝少康之庶子云，封会稽。”张公量《古会稽考》说：“越即夏，一音之转，大越即大夏。”夏族的始祖禹死后也葬于会稽，夏代亡国之君桀也逃依越人，故有越奉夏祀之说。古代在越人生存地曾建有多处会稽，象征其祖禹陵墓和衣冠，以备祭祀和朝拜之用。

《淮南子·天文训》载玄武的天文地理分野说：“星部地名：斗、牵牛，越；须女，吴；虚、危，齐；营室、东壁，卫。”《天官书》曰：“燕齐之疆，侯在辰星，占于虚危……斗，江湖；牵牛、婺女，扬州；虚、危，青州；营室、东壁，并州。”

并州之地，各代有异说。大致包括山西、河北、陕西的北部，内蒙的南部。《周礼·职方》曰：“正北曰并州。”将并州作为古代中国的北方，应该是恰如其分的。古人也将齐燕之地称为北方，它既在华北大平原的北部，又临近渤海。渤海在春秋战国时称为北海，北海者，北部之海也。北海附近的地区，当称为北方。不过，将燕地分配在北方，那只是《天官书》取先秦人的说法，在《汉书·地理志》和《晋书·天文志》中，又将燕地域幽州归入东方。其理由是燕国之民和朝鲜之民皆为东夷，东夷之民崇龙，故燕虽在北方而属东方。

《天文训》将室壁分配于卫地，但《天官书》则将室壁分配于并州。《晋书·天文志》虽说室壁在卫，但具体地域则是并州。其实并州和卫地均属中国北方，并州为北方自不待言，即便卫国原本建国之地殷都在河南省的北部，以后迁都之地也都在黄河以北，从地域分布来说可称中国的北方。《汉书 · 地理志》在述说卫之分野属室壁的理由时说："卫地，今之濮阳是也。本颛顼之虚，故谓之帝丘。夏后之世，昆吾氏居之。"可见古人作分野之分配仍然应该首先从民族的分布出发。卫之所以分野属室壁，主要是考虑卫地之民为帝颛顼之后裔，颛顼、夏后氏，均位在北方。

众所周知，越在中国的东南部，一般不宜称之为北方民族，不能与北方之夏民族归为一类。而《汉书 · 地理志》在解释夏越同属北方七宿的理由时说："越地，其君禹后，帝少康之庶子云。封于会稽，文身断发，以避蛟龙之害。"原来星占学家认为，越人为夏禹之后代，虽其居于南方，而夏人位在北方，越人也应归在夏人一类而属北方七宿。故吴越江湖、扬州之地属北方朱雀，这是天文地理分野只以民族分类而不只以地域的方位为依据的又一明确证据。

《晋书 · 天文志》更将甘肃的张掖、金城、敦煌归入北方七宿，正是出于这些地方既是夏后裔匈奴的居地，也属并州的范围的考虑。

四、龟星和螣蛇星的故事

有人可能会产生这样一个疑问，在黄道带的四象中，东方苍龙，有龙的形象；南方朱雀，有鸟的形象；西方白虎，有觜参虎的形象。现今将玄武释为龟蛇，那么龟蛇的形象在哪里呢？这个问题好回答也不好回答。说其好回答，是因为古人早有定说，北方七宿就是龟蛇。至于这些星合起来像不像龟蛇，那又是另一回事。觜参也不见得就象虎。还有比较具体的说法是龟蛇为虚危。作为一种图示和形像的对应关系，西安交大汉墓星象图中，虚危五星围成了一个五边形，中间还特别画出了一条小蛇，这是对四象分配和对应的形象表示，它告诉我们，玄武就是蛇，其具体对应的星座为虚危。

但是，五边形的形状既不像龟蛇，虚危二字的含义也与龟蛇无关。此事给人们留下了遗憾，也产生了疑问。不过，熟悉星图和星表的人可以知道，在北方七宿这个天区内，还可以找到室宿以北螣蛇星22颗，尾宿以南龟星5颗。这两个星座，确实可以看作龟星和蛇星的象征。因为龟五星大致似龟形，而螣蛇二十二星，就如在高高的星空世界中腾空飞翔的蛇，故有螣蛇之名。

仔细观察和分析这两个星座的方位，有人可能就会产生疑问，将它们释作黄道带的四象之一是困难的，首先，它们远离了黄道带，其位置靠近赤纬南北40度。即使龟星，最少也在黄道以南20度。其次，《天官书》很重视对四象星象的介绍和描述，可是只说玄武而没有涉及龟蛇。再次，龟星已在尾宿的下方，越出了北方七宿的范围。

这三条理由都很明确而且值得重视。故这两个星座究竟是否就是人们通常所说的龟蛇星座值得商榷。较为有利的一种解释是，在公元前一、二千年以前，由于北极在北斗附近，以后赤道往北离开了这个天区，故上古时腾蛇与龟星的赤经差没有如现今达到的60度这么宽。再说上古天文观测不精，且先有四象或五象，以后再作二十八宿的具体分配，故将腾蛇和龟星看作北方七宿的龟蛇二宿是可以成立的。当然，也完全有可能是人们有了北方龟蛇观念之后，天文学家据此作出的补充和联想。但无论如何，这两个星座的名称，与北方龟蛇是有联系的。

第十三章 十一月的星空

第十三章

十一月的星空

第一节 室宿和壁宿

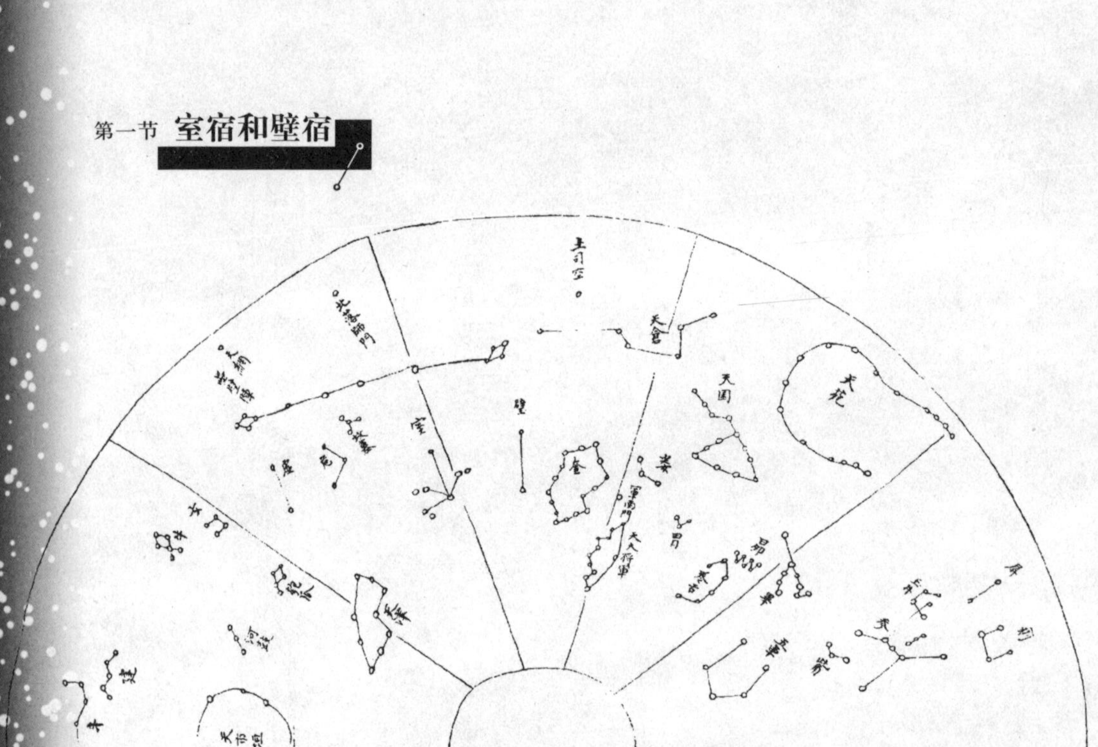

⊙图68
十一月中星图
室宿和壁宿位于中天。土司空和天仓等星位于南中天

十一月的中星是室宿和壁宿(见图68)。室宿，是营室的简称，计二星。《周礼·冬官》说：“营室，北方玄武之宿，与壁连体为四星。”《朱子诗传》说：“定星昏而正中，夏正十月也。是时，可以营制宫室，故谓之营室。”《诗》曰：“定之方中，作于楚宫。揆之以日，作于楚室。”注曰：“夏正十月建亥，春秋时十二月也，故亥月昏时，见定星当南方之午位正中，因记此星为每岁营室之侯。”是说正当初昏时，营室星位于南中，为农历十月的时节，这时正是营造宫室的季节，故人们给这个星座定名

为营室。不过，那正是秦汉时的天象，那时的农历十月初昏中天，经过2000余年的岁差变化，至近代已经变为十一月中天了。

根据以上解释，则将营室名称的来历说清楚了。营室就是营造宫室，它是一种物侯，可称为营造宫室之时节。当定星中天之时，营造宫室的时候也就到了，定星就是营室。每逢此时，农夫们就将赶快收拾好自己收获的庄稼，清理好场院，准备好筑室的工具，集合起来为帝王和公家服劳役，构筑宫室。在营室的上方左右，有离宫六星，两两居之，分为三组。《荆州占》曰：“离宫者，天子之别宫也。主隐藏止息之所也。”故离宫应该就是营造宫室时所建的宫殿。

尚需交待清楚的是，在危宿之南有盖屋二星。《开元占经》说：“主盖治之官也。又《甘氏赞》曰：”危盖屋室，柱梁侏儒。”可见这个盖屋星座与营室是互相关连配套的，它是负责盖屋的官员，也负责解决盖屋之用的柱梁等材料。盖屋星与营室、离宫遥遥相对，成为天帝营造宫室之象征。

壁宿二星，在营室正东方。《周礼·冬宫》说：营室“与壁连体为四星”，《尔雅》注曰：“室壁二宿，四方似口。”室壁四星，组成一个大的正方形，四周几乎没有多余的杂星，星象十分显著。壁宿又称东营或东壁。壁宿的本义就是东面的墙壁，无需如古代星占家那样作过多迂回的解释。有人指出，中国早期也有使用二十七宿的迹象。如果使用二十七宿，营室和壁宿就合而为一。壁宿又可称为东营，显然是从营室中分出来的。

西方人同样也在关注营室大方块，称之为秋季大方块或飞马大方块，因为组成大方块的三颗星都在飞马座内，成为飞马座身体的主要部分，仅东北角一星为仙女座主星。

北方七宿这个天区与其它天区比较，其星相对比较暗淡，仅牛郎织女星和营室大方块为这个天区东西两大显著星座。营室的4颗星也都较为明亮，均属2或3等星。营室大方块可以作为认识北方天区各星座的基地和出发点。营室这个大方块，每边差不多达15度，可以作为天上的一把长尺，来度量各星座之间的相对距离。营室的两条边，差不多均成南北走向，仅东边的一条，略成东南走向，与赤道经线构成一个不大的夹角。大方块的西面为牛郎织女星，银河自西南向东北流过。大方块的东北方向为奎宿。顺着大方块右边线向南寻找，大约3倍半的地方，就是全天第十八亮星北落师门。在大方块和北落师门的中间，赤道和黄道均穿越而过，在黄道附近，有一条长长的引人关注的垒壁阵。关于这两个星座及其附近的星座，我们将在下一节作专门介绍。大方块的左边线更是寻找其余星座的重要标志。它与北极星差不多位于同一直线上，大方块左边线向北寻找，大约2倍多一点的地方，就是今天的北极星的位置。向南延伸约2倍多一点的地方，则是另一颗较亮的2等星土司空。而另一个天球重要标志点春分点，则位于大方块左边线下方1倍偏右的不远处。秋分点在太微和轸宿之间，夏至点在天关星与井宿附近，冬至点在斗宿的斗柄之上。这4个天文基点，也都可以通过显著星座加以寻找。

在大方块的正南方的不远处，赤道以北，还有一组与下雨有关的星座。与室宿最接近的是雷电六星，其左下方为霹雳五星，在霹雳星的正下方，位于赤道两边有云雨四星。人们不禁会提出疑问，古人给星座命名，怎么还会想到刮风下雨之类的琐事？中国自古就是以农立国的国家，刮风下雨关系到农业的丰欠和社会的治乱，可不是一件小事。凡是风调雨顺，就是国泰民安的基础，很多社会动乱的导因，都出自饥荒。因此可以这样认为，除掉政治因素以外，战争和水旱灾害，是直接威胁到帝王统治地位的两大因素。天文学家是为皇权服务的，他们给星座命名的一个重要目的，就是要为皇家作出占卜和预测。战争是否发生和战争的胜负，判断水旱状况和农业丰欠，是星占家占卜的两大主要内容。这些星名，正是为了具体的占卜需要而设立的。

第二节 娵觜星次与娵觜的故事

娵訾，音jūzī。《尔雅·释天》曰：“娵觜之口，营室，东壁也。注曰：营室东壁星，四方似口，因名云子余切；觜，咨。”今辞书的注音訾，大约均出于此。訾即觜。营室四方似口，此仅为娵訾之口的又一解。娵訾星次按传统分法，包含营室、东壁二宿。我们这一节的一个主要目的，就是要说明营室、东壁这个星次为什么要使用娵訾这么冷僻的名词，它究竟包含着什么含义和故事？

《史记·历书》“历术甲子篇”“月名毕聚”索隐曰：“谓月值毕及陬訾也。”按照司马贞的观点，娵与陬是同一个词。但是，现代辞书却将陬、诹注音为zōu，这样，无论读音和含义都不相同，成为两个词了。但实际并非如此，《史记·五帝本记》载“帝喾取陈锋氏女，生放勳。取娵訾氏女，生挚。帝喾崩，而挚代立，帝挚立不善，而弟放勳立，是为帝尧。”

那么，根据司马迁的意见，这个娵訾星次之名，即来源于帝挚之母部落的名号。娵訾氏部落真不简单，据索隐记载，这个嫁给帝喾的女子名叫常仪，她就是后来成为月神的常娥。而她生的儿子挚，也继承了帝喾的帝位。据传说，帝挚在位计9年，因在位不善而由其弟尧继位。不善之义，有两种解释，一是只担任帝位9年崩，而不能善终；另一种意见是政绩不佳。由于年代久远，文献缺乏，我们已经不知其详了。

娵訾氏部落与帝喾部落建有婚姻关系，其地域和生活习惯当都相近。由于帝喾之祖玄嚣已被命名为北方七宿的第二个星次，那么娵訾氏被命名为北方七宿的第三个星次，应是顺理成章的事情。由此可证陬訾即娵訾。

总之娵訾之名，来源于远古华夏族中黄帝长子玄嚣之孙高辛氏帝喾之妻娵訾氏。娵訾氏当为帝喾、玄嚣这一支系的胞族。娵訾氏中最为著名的人物当为曾担任帝位9年的帝挚。帝挚之父帝喾与颛顼为叔侄关系，故《史记·五帝本记》曰“高辛于颛顼为族子”。中国古代的天文学家将玄嚣、颛顼、帝喾、帝挚这个支系，都归在北方玄武这个天区。考其来源，他们之间确有较近的姻亲关系。故虚(顼)宿、玄枵(嚣)、娵訾，都作为与北方七宿星名有关的名称。

娵訾对应于营室东壁。中国古代以太阳位于营室东壁之时称之为农历正月。故《尔雅·释天》曰：“正月为娵。”郝懿行疏曰：“陬者，星名。即营室东壁。正月日在营室，日月会于陬訾，故以孟陬为名。”孟在这里是指每季的第一个月。

第三节 北方战场的星座

在北方七宿这个天区中，除斗牛以外的南方星空，几乎大半空间都被一组北方古战场所占据。在中国的星空世界中，为战场设计的星座占据着相当重要的地位。对于中国的统治者来说，为了巩固自己的统治，防备外来的入侵，是最为重要的任务。对付外敌的入侵，主要来自三个方向，即南方的苗蛮和东南方的闽越和南越；北方的北夷和匈奴；西北方的氐羌和戎狄。东面是大海，在唐以前尚未出现从东面海上的入侵，所谓倭寇的海盗入侵，那只是明代以后的事情。

在星空世界的三个战场中，位于南方七宿的东南战场，我们已在第七章轸宿中作过介绍。其主要的战斗力量是骑官星、阵车星、五柱星等，轸宿则是其攻击的前锋，面对的地域则是长沙星和青丘星等。西北方战场主要是防备以昴星为象征的胡人的入侵。这个战场的具体情况，我们将在下一章介绍。本节主要介绍面对北夷匈奴入侵的北方战场（见图69）。

⊙图69
星空中北方战场的分布图
牛女诸宿象征北方，狗国象征犬戎之国，御驾亲征的天帝坐镇天纲，正率领羽林军布下垒壁阵，向着北方匈奴、犬戎诸国

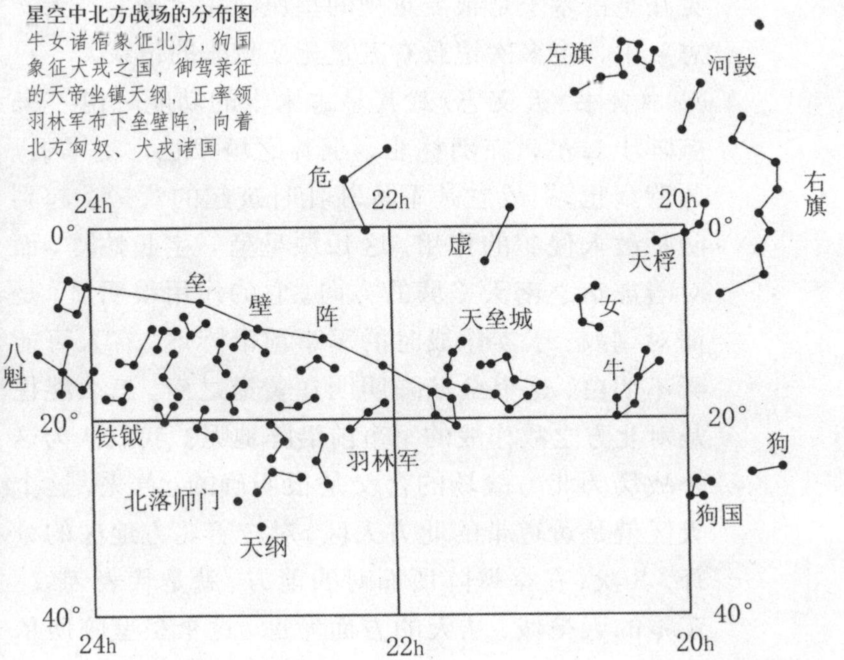

一、天垒城星

由于天垒城十三星均比较暗，在4等以下，所以不为人们所重视。巫咸曰：“天垒城十三星，如贯索状，在哭泣南。”这就是说，哭星和泣星两个星座均在虚宿的南面，而哭泣两个星座再往南，就是天垒城十三星。这13颗星的分布，如贯索状。贯索是古代用于穿铜钱的绳索，通常指封闭的环状，但不一定成正圆形。此处之天垒城十三星，就呈现一串不规则的绳索状。《巫咸赞》曰：“天垒主北夷，丁零、匈奴。”《晋书·天文志》也主此说。汉代时，匈奴、丁零是中国北方的两个主要少

数民族，而匈奴是两汉时北方最大的强敌，后经汉朝联合丁零等少数民族抗击匈奴，匈奴受到多次沉重打击，逐渐衰亡。丁零是新疆回鹘和现今维吾尔族的先民。

二、垒壁阵星

垒壁阵十二星，在营室之南。垒壁阵虽然也是3、4等以下的小星，但由于紧临黄道之南，为日月五星必经之地，故受到了人们较多的重视。《七政推步》所载黄道十三幅星图中，垒壁阵就是其中之一，可见在星占术上是很受重视的星座。在《晋书·天文志》中，也多次记载有五星犯垒壁阵的记录。

《晋书·天文志》载其星占术上的功能时说："垒壁阵十二星，在羽林北，羽林之垣垒也，主军卫，为营壅也。"故它是军队驻扎时筑起的营垒，起到防护敌人侵犯的作用。这12颗星呈一字长蛇阵，面对着虚宿之南天垒城的方向。它的作用很明显，是面对匈奴、丁零作战时的军事前沿阵地。有人可能弄不明白，这个垒壁阵明明在黄道之南，怎么能说是对北方之敌作战的军事前沿阵地呢？我们认为这个战场为北方战场的含义是很明确的，首先，这个天区就是黄道带的北方天区，对应着北方地区的分野。其次，在垒壁阵所面对的前方，就是代表匈奴、丁零的天垒城。从大的方面考虑，这个垒壁阵所依存的是玄枵、娵訾星次，匀为北方民族的象征。因此，它所面对和所要防备的，正是北方这些民族。

三、羽林军星

羽林军四十五星，各分3颗一组排列，共成15组。羽林军成3人一组的骑兵战斗队形，这是当时实战的军事组合。郗萌曰："羽林军又主翌王。"翌王为北方之王的象征，太平天国的石达开就曾被封为翌王，就是出自这个典故。

羽林军，初为汉武帝所建，历代多有沿用。汉武帝选陇西、天水等六郡良家子，宿卫建章宫，称为羽林军骑，取其"为国羽翼，如林之盛"之义。为皇帝的护卫军，在急需时也派出作战。在这个战场上还有天纲星座，隐含有皇帝率领羽林军御驾亲征的意思。

四、北落师门星和天纲星

北落师门和天纲星这两个星座，各为一星。天纲一星，就象征着天子之位，这是为什么呢？《晋书·天文志》曰："天纲主武帐。"《开元占经》就武帐的含义进一步解释说："天纲，大絙索也。以张帐幔，天子游犒，野次所需。"原来，在军营后面专设帐幔，是为天子驻足所准备的。故天纲为天子亲征的象征。

这里尚需对北落师门这个星座多说几句。北落师门这个名字似乎有些怪异，它的含义是什么呢？郗萌曰："羽林西南有大赤星，状如大角，天军之门也，名曰北落，一名师门。"从郗萌的介绍就可以看出这颗星的特殊地位，它的亮度几乎可以和大角星相比，其颜色又与大火星相似为红色，它是天军的大门。《开元占经》对此名又进一步解释说："北者，宿在北也。落者，天军之北落也。师者，众也。门者，军门也。"所以，北落就是北方，师门就是军门。那么，其总的含义就是北方军营的大门。故可以简称为北门，也可简称为军门。它是为了与北夷作战输送兵源和给养的通向后方的大门。

在黄道带的四方，最靠近黄道带的4颗1等星，西方称之为四大天王，它们分别为大火星、北落师门星、毕宿五和轩辕十四。若作具体分辨，北落师门比轩辕十四还要更亮一些。北落师门是四大天王中距黄道较远的一颗星，但距黄道也只有20度左右，比牛郎织女星要更近一些。

五、铁钺星和八魁星

铁钺三星和八魁九星，这两个星座的十二颗星也都比较暗，故也较少受到人们的重视。巫咸曰："铁锧三星，在八魁西北，一曰铁钺。"铁锧就是铁钺。据星占家的说明，铁钺是诛枉诈、斩乱行的。也就是说，它是军营内部促进团结、执行纪律的军法象征。八魁是军营内部设置的陷井，作为捕获敌军时使用。

第十四章

十二月的星空

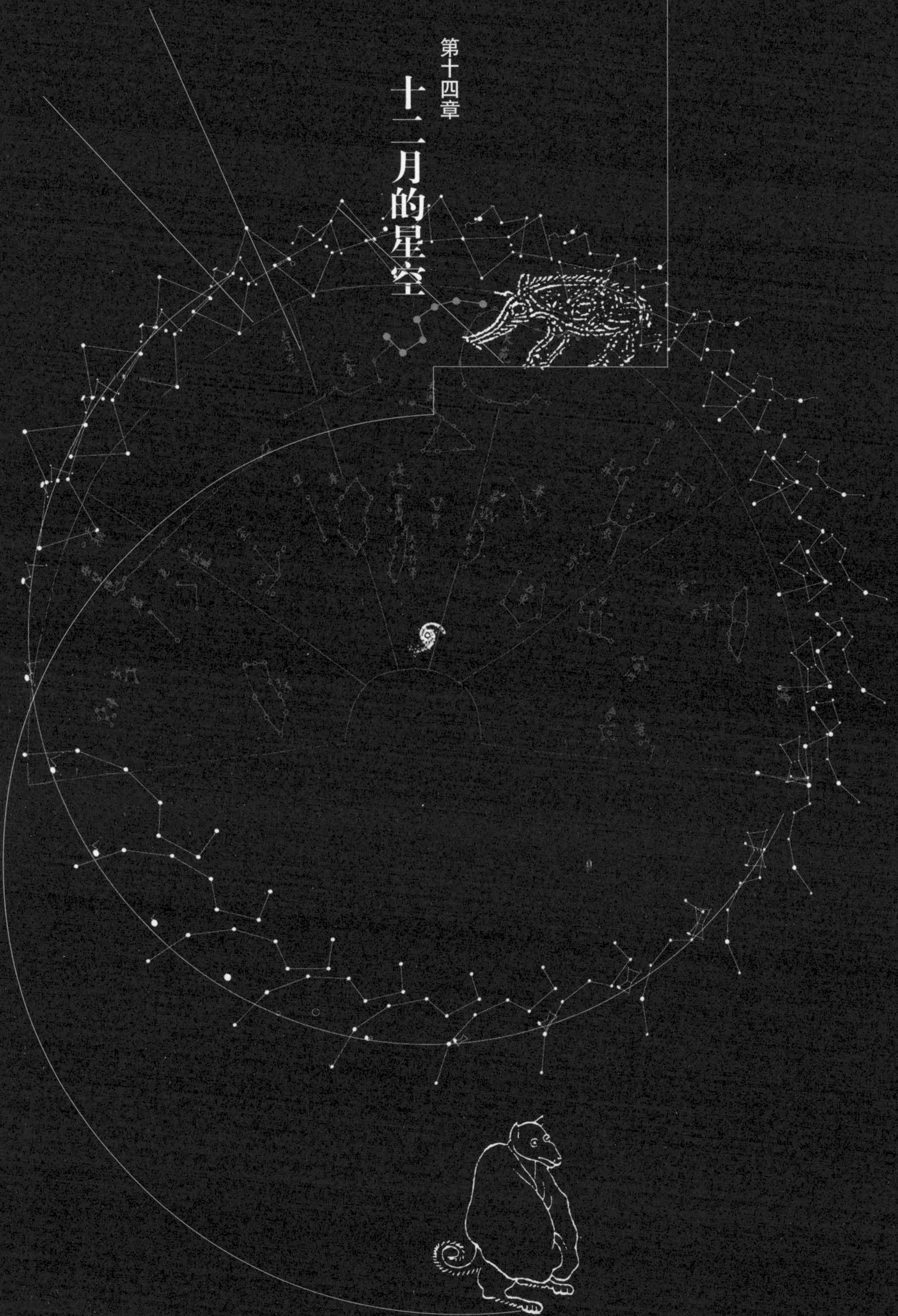

第十四章

十二月的星空

第一节 奎宿和邽人的故事

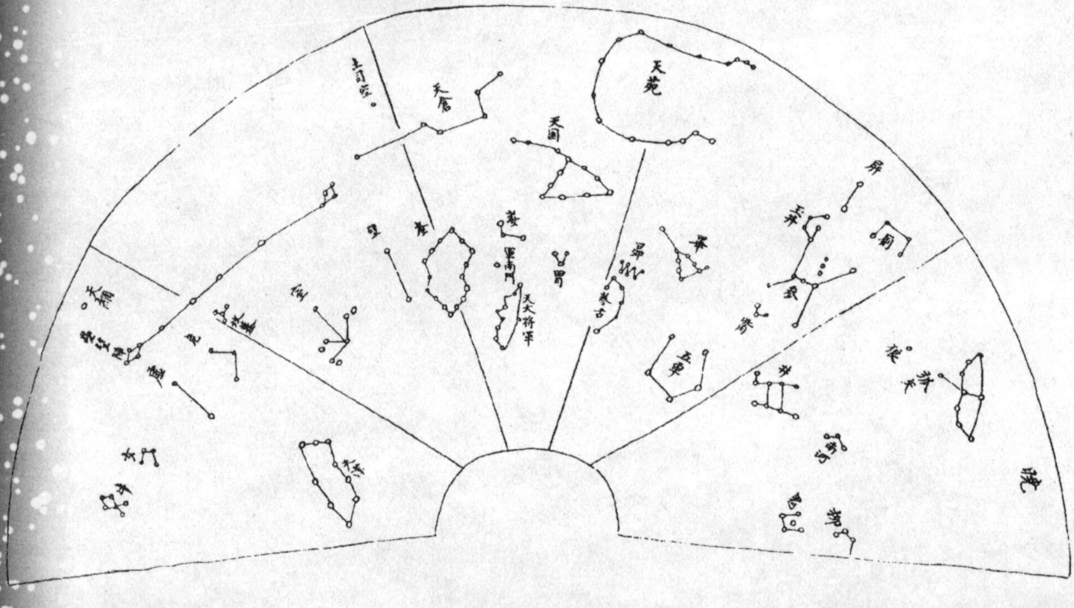

⊙图 70

十二月中星图

奎、娄、胃位于中天。天大将军也位于北方中天。南方有天囷、天苑星

十二月的中星是奎宿、娄宿和胃宿(见图70)。奎宿十六星、位于春分点以东，介于北纬20°～40°之间，是二十八宿中纬度最北的一个星宿。它的西南为营室，东南为娄宿，北面为王良和阁道。而它南面的广阔星空，只是分布着诸如外屏、天仓等不太著名的小星，都较暗淡。《石氏星经》曰："奎宿十六星，形如破鞋底。"这一比喻是很形象的。总体来说奎宿呈中间小两头大的鞋底状，只是两头呈尖状而不大像圆弧形。

《天官书》曰："奎曰封豕，一名天豕。"即《天官书》

认为，奎为天上的大猪。《圣洽符》说：“奎者，沟渎也。”郗萌曰：“将有沟渎之事，则占于奎。其西南大星，所谓天目也。”这些都是对奎为天豕一名的发挥和延伸。其含义是说，奎星就是天上的猪，由于猪善于用嘴拱土，从土中寻找食物。猪嘴能开出一条条沟渎，故奎宿象征着沟渎之事。奎宿西南方向上并无大星，奎宿最明亮的星为奎宿九，在奎宿东北方，西名为仙女座β星，是奎宿惟一的一颗2等星。据潘鼐《中国恒星观测史》考证，所谓奎宿西南大星，实指奎宿距星，当为一颗5等小星。将奎宿释作天豕，在奎字的含义上得不到解释，那么，天豕之义如何得来的呢？这是一个有待进一步研究的问题。据笔者猜测，古代也有人将北斗七星解释成猪，这里将奎宿看作天豕，当同出于一源。据新石器时代的考古发掘表明，中国北方的少数民族普遍有猪崇拜的痕迹。这种观念移植到天上，便成为星座崇拜。但无论如何，将奎宿释作天豕，与后世天文地理分野不属同一个系统。

后世还有将奎宿理解为魁星的，这是古代文人为了祈求天神保佑在科举考试中夺取魁首而树立的膜拜对象。中国古代众多的魁星阁、魁星楼，就是这样兴建起来的。但这些都是一些文人的以字音相同的误传，魁星实指北斗之一至四星，或指北斗第一星。

何光岳《百越源流史》认为，奎是大圭人之义。原来，邽人源于西羌，在远古时，邽人也是一个较强大的民族，邽人也分东西两支，西支曾在天水附近建有上邽国和下邽国。后均为秦武公所灭。西周时郑国与邽国相邻，它们长期保持着婚姻关系。郑国东迁之后，联系也很密切。有文献记载，郑穆公就曾娶邽妫为妻，邽妫即邽人之妫姓女子。可见邽字既可写作邽，也可写作圭、桂、妫、奎等。邽人以妫为姓，可能在帝舜之后，受到东夷民族的影响所致。山东省古代有邽人是肯定的，大约这支邽人是与楼人、台骀人一起迁入山东鲁国等地的。故在今博兴市东南仍有奎山之名，当为上古邽人命名的遗迹。邽人因唐人、夏人的兴盛而兴盛，在夏代灭亡之后，邽人也受到商人的不断打击而向四面流散，有一支重要的邽人南迁，逐渐由湖南迁入两广，这是移居南方的邽人。南迁的邽人之地因出产桂树而闻名，故邽人在南方建立的国家和生活地区也称为桂。今郴州桂水、桂林之市名，均为邽人生存之地而得名，南迁的邽人逐渐融入骆越，即今壮族之中。故奎宿排在北方七宿之后，西方七宿之首，与邽人出自西羌，后又融入百越有关。百越在分野上属北方七宿。

何光岳以为，邽人的远祖就是女娃，女娃为炎帝之女，属炎帝族。娃即圭，则女娃即为邽人之祖。由于邽人融于百越，而壮族先民有蛙崇拜的习俗，由此证明邽人以蛙为图腾。现今的部分壮族确实存在蛙崇拜的遗迹，对天文学也确实产生过影响，例如嫦娥奔月化为蟾蜍的故事，很可能与越人的蛙崇拜有关。这些说法和观点均可备为一说，尚待更严密的证据加以证实。

第二节 天大将军星与西北战场

一、中国与胡狄分界地天街

前面已经介绍了中国星空三大战场中的两个，现在介绍第三个战场。首先从敌对的双方说起。《史记·天官书》曰："昴曰髦头，胡星也。……昴毕间为天街，其阴，阴国；其阳，阳国。"正义曰："天街二星，在毕、昴间，主国界，街南为华夏之国，街北为夷狄之国。"故在星空中划出了一条国界，天街以南以东为华夏，以北以西为胡狄之国。昴星所在，为胡狄之国的象征。对于胡狄国，在先秦时期，尤其是西周和东周时期，是中原对西北少数民族主要的用兵对象，东晋时，又有五胡乱华的长期战争。(见图 71)

二、奎宿主库兵

《石氏赞》曰："奎主军，兵禁不时，故置军以领之。又曰奎主库兵，秉统制政功以成。"这就是说，奎宿在星占学家的眼里是主军事的。"主库兵"的含义，为长期驻

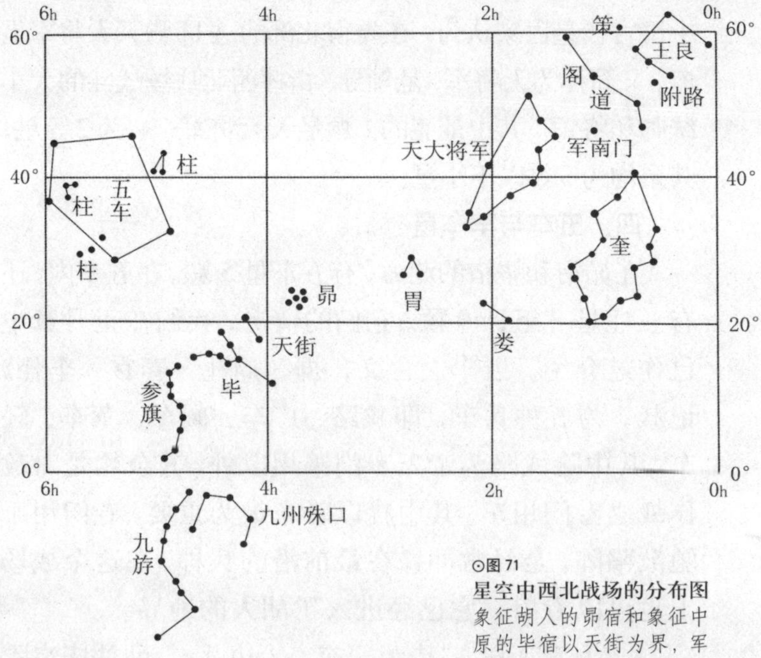

⊙图 71

星空中西北战场的分布图

象征胡人的昴宿和象征中原的毕宿以天街为界，军情紧急时，天大将军率领战车由王良驾车沿阁道出军南门，五车载着士兵冲在最前面

兵的兵营，以备一旦军情紧急时使用。奎宿与昴宿仅有娄宿相隔。而实际上，胃为“天库”，又为“廪仓”，也是出于军事目的而准备的军事物资的库房。它与奎宿之功能是相辅相成的。由此可以看出，奎宿的前方昴毕交界之地，正是战场的发生地。

三、天大将军和军南门星

在奎宿的正北方向，有王良、策星和阁道、附路诸星。让我们想象一下，当天帝一旦得到紧急军情，便派出将帅领兵，由王良驾车，沿着阁道，以极快的速度奔赴西北战场，与原本驻守在边疆营地的兵马相会合，这将是多么壮观的场面。在奎宿的东北方向，有军南门一星。军南门就是北方军营的南门。军队和后勤给养出了军南门，就进入了前方战场的营地。

再往前行，可以见到在娄宿的正北方向有天大将军十一星。石氏曰：“天将军者，天之大将军也。中大星，大

将也。外卫，小吏士也。大将星动摇，兵起，大将出。”故中国古代星占家认为，在娄宿北部的这11颗天大将军星座，又简称为天将军，是领导、指挥西北战场战斗的大小统帅和将领。其中最亮的1颗星天大将军一，为2等星，其余均为3等以下小星。

四、五车与罕车星

在昴宿和毕宿的北方，有五车星5颗。在五车内，还有三柱星3组计9颗。它们的情况，我们在正月章中已作过介绍。五车之含义，据《周礼·春官·车仆》记载，为五种兵车，即戎路、广车、阙车、苹车、轻车。其中除戎路为帝王专门乘用以外，其余均是对敌作战之专门用车。其中犹以轻车最为重要，专门用于驰敌陷阵，是经常冲锋在最前沿的兵种。在这个战场上也可以看出，它已经进入了胡人的地界。

《春秋纬》曰：“毕为罕车，为边兵。”可见毕宿除释作华夏地界以外，还有一种含义为罕车。罕车是不同于五车的另一种兵车。罕车为重车，又名革车，其主要任务是守卫军营或阵地。

由以上介绍可以看出，在西方七宿的天区内，也存在一组属于战场的星名。其作战对象是华夏与西北方的胡狄少数民族，涉及的星座有天将军、军南门、奎宿、昴宿、毕宿、天街、参旗、九斿、九州殊口和五车星等。从这些星名再一次显示出中国古代的星占家对战争的关注程度。

第三节 娄宿、降娄星次与娄人

娄宿三星，在奎宿东南方，北纬20°左右，南距黄道约10°。其正北为天大将军星，东北为胃宿。再往东北，即大陵星座。娄宿一和娄宿三均为2等星，娄宿二则为4等小星。

又奎宿和娄宿所对应的星次为降娄。太阳运行到这个星次，相当于农历的二月。

由于降娄星次对应于娄宿。故降娄星次名称的含义一定与娄宿有关。娄宿之名的含义是什么呢？古人没有对此作过解释。一些星占书说“娄主苑牧”，“主为聚众”，其在星占学上的含义仍然太不清楚。考虑到上引奎宿占语有奎为天目，又娄的下一宿胃宿有占语“胃者仓廪也”等，我们在《彝族天文学史》中曾提出奎为天目即西方白虎眼目，胃宿和娄宿为白虎之胃的解释，但这仅仅是一种假设和猜想，没有明确可靠的依据。即使有更明确的这类说法，也只是后世星占家的一种观念，不足为凭。那么，娄宿之名的本义是什么呢？

我们在讨论实沈与西方白虎星座的关系时，已经涉及到从西羌故地进入中原的台骀民族，山西汾水流域，是他们的重要生存基地。经过一段时期的生存和繁衍以后，有一部分台骀人继续向东发展，逐步迁移到山东西南部的鲁国地界生存下来，故鲁地也为西方白虎的地理分野之一。《说文》段注即说：“邰，姜嫄之国也。尧见天，因邰而生后稷，故国后稷于邰。”故邰人与西羌有关系应是毫无疑义的。后世邰人迁鲁地，也有许多文献记载，例如，《春秋》襄公十二年说：“莒人伐我东鄙，围台。”注曰：“琅牙费县南有台亭。”《淮南子·坠形训》云：“时、泗、沂，皆水名，台骀、术，皆山名。”是说时水、泗水、沂水，皆自台骀山流出。可见因台骀人居住于鲁地，才有台骀山之名，其所居之地，至今仍称为泗水、沂水等，皆鲁地。

夏人的祖先也出自西羌。当夏人向东发展之时，其中的一个支系娄人也随之东来。大约同时出自西羌的原因，夏人向东发展的初期，总是与黄帝族姬姓相依存，故汾水流域唐人的根据地之一，就留下有若干娄人活动的踪迹。如娄山、娄乡等。《左传·襄公二十四年》有“娄，晋地”的记载；今山西洪洞县仍有娄山。夏朝的建立，使娄人获得更大发展的机会，由此更向东发展至

河南、山东等地。为了保存夏人的一脉，西周分封诸侯时，从鲁地寻找到禹的后裔东楼公，分封于杞。另外还有西楼公的居地。楚惠王灭杞之后，一部分娄人又东迁依附于鲁国，并在沂水上游建立起更小的杞国。这个杞国在诸城安丘一带，受到了鲁国的保护。娄人与晋人、鲁人长期建立有密切的婚姻关系，例如，杞成公之弟，杞桓公姑容的夫人叔姬，就是鲁文公的女儿。

《晋书·天文志》曰："奎、娄、胃，鲁，徐州……高密入娄一度，城阳入娄九度。"高密就在诸城附近。《路史·国名》说："密之诸城有娄乡。"就是指此。这些地名，在古代同属徐州，故在天文地理分野上作此分配。娄宿之名，因鲁地娄人而得。由于娄人生活在山东半岛的沿海地带，属西方白虎的最东端，故置于白虎之首。至于奎宿，虽分配在西方七宿之首，其实不属白虎的范围，而属于北方七宿，理由我们在上一章中已经作出交待。

故降娄星次名称的来历，也与娄宿之含义同出一源，是娄人的名称作为星座之名。降娄的名义，当为降生娄人之义。

第四节 胃宿与皇家园苑的故事

胃宿三星，在奎宿、娄宿的东面。昴宿在其东面略偏南之处。胃宿的北面为大陵星座。胃宿三星呈等边三角形，集聚于一个狭小的范围之内，其三角形的每个边长仅2度多一点。胃宿三星均较暗弱，其最亮的星胃宿三，也只是4等暗星。银河自西北向东南从其上方不远处通过。在银河中游弋的天船星，位于胃宿东北不远处。

胃宿的本义是什么？从直觉上联想，胃宿之胃字当作人体贮藏和消化食物的胃来解释。但此处以胃为星名，该作何理解释呢？中国的二十八宿，是以四象命名的，因此，二十八宿各具体星名，便可以是四象的各个部位，这些部位以构成四象为一个完整的整体。有例在先，与东方苍龙相对应，从头至尾有角宿为龙角，亢宿为龙脖，心宿为龙心，尾宿为龙尾，这是不容争议的。由此推理，胃宿对应于西方白虎，当为白虎之胃。但是，西方七宿与白虎身体各个部分的对应却不明确，从一些占语可以得知，觜宿为虎首，参宿外围四星，上面二星为左右肩，下面二星为左右股，又称左右脚，还有右脚陷入玉井之中的占语。按照这种理解，白虎就只有觜参两宿组成，难以设想觜宿为虎首，参宿为虎身，而白虎的胃却置于往前相隔毕昴二宿的胃宿，那么，胃与虎身不是分离了吗？这从逻辑上说是矛盾的。

我们对胃宿真实含义的理解上，还可以作更深入的工作。先看看星占学家对胃宿的性能是如何理解的？《天官书》曰：“胃者，天库。”郗萌曰：“胃星大明，仓廪实；胃星离，仓谷不出。”不出就是无收成。《石氏赞》曰：“胃主仓廪五谷基，故置天囷(qún)以盛之。”囷为谷仓，为贮存粮食的仓库。

从星占家的占语“胃主仓廪五谷”，我们可以看到古代的星占家确是将胃字理解为动物体内贮存食物和消化食物器官的。正因为胃可贮存食物，星占家便推而广之，将其释为“主仓廪五谷”。由此看来，依据古代天文学家对胃宿含义的推广，胃宿之名至少可以作为白虎之胃的一种解释。由于白虎分布于西方七宿，故不仅胃宿可理解为虎胃，奎宿也有奎为天目之说，天目为虎目，正合于奎为西方白虎虎首之位的排列。沿着这个思路向前思索，古代星占家又将与胃宿相邻的娄宿释为“主苑牧，给享祀，故置天仓以养之”。《西官候》又进一步说：“主为聚众之事，其木，柱也；其物，铅、锡、银、黄金、石。”所谓聚众，即是收集财物的库房，为集聚木、物及牺牲等物，以供享祀之用。由此看来，西方七宿诸星与白虎的对应关系可以有狭义和广义两种理解，狭义白虎仅对应于觜参两宿，广义白虎则对应于七宿。这样，不仅奎宿为虎目，胃宿为虎胃，昴宿也可释为头，即虎头上英俊之长毛。

正因为娄宿和胃宿都有仓库的含义，古代的星占家们对此又作出了进一步的发挥，在娄宿、胃宿、昴宿以南的广阔星空世界设置了土司空、天仓、天囷、天苑、天园等星座，这些园苑都与皇家的养植和仓贮有关。

在壁宿和奎宿的下方，春分点的东南方，距赤道约17°处，有土司空一星。这是这块园苑天区中最亮的一颗星，它与天囷一样都是2等星。司空即司工，其首要任务是筹集土木建筑的材料，故在其左上方有娄宿相对应。前已述及，娄宿为聚众，为收聚木、物之库房。那么，这个土司空便为库房的管理者。

在土司空的左上方，有天仓六星，天仓者，收贮谷粟之仓也。在天仓的西北，又有天囷十三星。天囷一为2等大星，在胃宿之南。天囷为百库之藏，又曰主御粮。故天囷的功用与天仓类似，只是其贮存的品种更为丰富，故曰："百库之藏。"又《开元占经》解释说："圆曰囷，方曰仓。"这也是囷与仓的不同之处。在昴宿的南面，天囷的左上方，还有天廪四星，主廪仓，也为贮存谷物粟米之处。

在天囷的南面，有天苑十六星。十六星如围栏。《黄帝占》曰："天苑，主苑牧牺牲，牛羊之属。其星行列齐明，苑中星众，则畜牲蕃息，多饶野兽。其星微小不明，若不见，苑中星希，败畜牧，不孳牛羊，野多死。"故天苑为皇家饲养牲畜，以供皇家食用、并作牺牲祭祀之用的牧场。在天苑的南方，又有天园十三星。天园为皇家种植水果、蔬菜的果园和菜园。在天苑星的西北方向，有刍藁(chú gǎo)六星，刍藁是专门用作喂牲畜的草，此处是指喂军马之草料，它是与西北战场的后勤供应配套的。故天上的众星，对于皇家的生存和发展，真是一应俱全。

第十五章 银河的故事

第十五章

银河的故事

第一节 古代中国人对银河的认识

银河是一种特殊的天体,《天官书》中几乎没有介绍到银河。虽说银河不是星座,《天官书》不予介绍也是正当的,但银河与星座存在着千丝万缕的不可分割的关系,它也是固定不动、与星座相对应的显著天象,不予介绍也不完整,故《晋书·天文志》在介绍完全天星象之后,又专门介绍了“天汉起没”。

在星空背景上,我们可以明显地看到一条如同白云似的茫茫光带,中国人叫做银河。顾名思义,银河即是星空中银白色的河流。也有将其称为天河、星河、秋河、长河等。总之,人们都是将它比作天上的河流。银河之名,意在表示其光亮白色如银;天河之名则直指为天上的河流;长河的意思显然是指星空中这条河流所流经的地域之长。

银河又往往与汉字相连系,如称为天汉、星汉、河汉、云汉、银汉、斜汉等。此处之汉字,实指汉水。即古人将银河比喻为天上的汉水也。古时将银河称为天河,还有一层具体的含义,即此处的河实指黄河,而不是河流的泛称。大家都明白,黄河是华夏文明的发祥地,是上古文明的中心地带,是中国人民的母亲河,而银河在星空中的位置也很突出,是星空世界中惟一的一条大河,故天上的这条大河,就是指天上的黄河。

天河既然是天上黄河的别称，那么，天汉又作何理解呢？这应该与东汉人的思想观念有关系。自春秋战国以后，秦国和楚国便逐渐开发汉水流域，使这一地区的生产力获得迅速的发展，而黄河中下游虽然文明的起源较早，但由于春秋战国时期直至西汉末年战争频繁发生，生产力受到很大破坏，社会经济反而处于相对落后的状态。尤其是东汉时期，由于汉水中游的南阳，是光武帝刘秀的老家，很多东汉开国功臣也都出生于这一地区，南阳成为东汉王朝的陪都，社会经济获得了进一步的发展，成为东汉王朝的经济文化中心之一。正是由于汉水流域在东汉受到人们的极大重视，故人们也把天上的银河，比附为地上的汉水。这种比附，也足以证实银河在人们心目中的崇高地位。故银汉就是银色的汉水，天汉就是天上的汉水，云汉就是云层上的汉水或云彩状的汉水等。总之，这些银河的名称，又都与汉水或汉江挂上了钩。

人们真正弄清银河系的科学组成，还只是近几十年内的事情。原来，无边的恒星世界是由无数个恒星系组成的，太阳是恒星世界中一个极为普通的一员。分布在宇宙空间的恒星是不均匀的，有的区域稀疏，有的密集，从整体来说，银河是星体的密集地区。但在银河系内部，其分布也是不均匀的。目力好的人，已经可以在银河的白色光带中看到一些恒星，但直到人们使用光学望远镜观看银河，才确实地发现，原本一片似银白色云彩的光带，大都可以分解成一颗颗微弱细小的恒星。在分辨本领不强的望远镜下仍成云雾状的白色光带，在更强大分辨本领的望远镜中，均可分辩出一颗颗更细小密集的恒星或恒星集团，也可看到某些孤立的星云状物质。

如果我们从银河系以外很远的地方俯瞰银河系，就将看到整个银河系如同一个扁平状的圆盘或运动场上的铁饼（见彩图8）。而从侧面看，又象一把织布用的梭子。银河光带的中心线，把星空分成对等的两半，在天文学上称之为银道。银道和银极也组成类似于赤道、黄道的观测度量系统，它能较方便地研究银河系的恒星分布。现代天文学将银河划分为银盘、银核、旋臂和银晕几部分。银盘就如铁饼的盘状部分，其最大直径约10万光年。银盘中心突出部分，称为银核，这是银河系物质高度密集的地方，其直径约1万光年，相当于银盘中心的厚度。银盘以外的地方，也有恒星分布，但要稀疏一些，这个区域称为银晕。银河系成旋转状结构，已发现有4条旋臂组成，其中的3条位于猎户、英仙、人马方向，即朝向中国星座的参宿、大陵、斗宿方向。

经过天文学家计算，银河系大约有1200亿颗恒星组成，它们有的单独行动，有的几个或几十个甚至几百个聚集在一起，组成星团。恒星和恒星集团也有自转和公转。如果将恒星本身的自转，或集团间的相互绕行均称为自转，那么，单个的恒星，或恒星集团也存在绕银核的公转。现今天文学家已经测出它们的许多运动数据，不过，由于这些恒星和恒星集团距离太阳系十分遥远，它们之间相对位置的位移在数百年内很难用肉眼感觉得到。在银河系中，还有许多绚丽多彩的星云，以及弥漫在广阔星空中的星际物质。

星云有亮有暗。亮星云密集处，使银河增亮，如盾牌座（天弁、河鼓）、人马座（箕宿、斗宿）一带的亮区。暗星云则造成了银河带上的暗区，如天鹰（河鼓）南的“大分叉”和南十字座（南门）附近的煤袋。由于这些原因，致使银河在星空中勾划出轮廓不很规则，宽窄也不一致的白色光带。最宽处可达30°，最窄处仅10°。

太阳并不位于银河的中心部位，而是在距离中心约3万光年的地方。这也是造成银河光带有些地方宽、有些地方窄的原因之一。银核位于人马座方向，这便是人马座方向银河光带最宽、也最明亮的主要原因。太阳也不是正好位于银道面上，而是在偏离银道以北26光年的部位。因此，严格说来，银道带不应该是以天球心为中心的大圆上。只是由于相对来说太阳偏离银道不算太远，可以近似地将银道看作天球上的一个大圆而已(见彩图8)。

从以上介绍可以看出，古人和今人对银河的认识是存在着很大差异的。今人经过科学研究，认识到银河为恒星、星云和星际物质组成的科学本质，在古人看来，银河只是天上的一条河流，它是由水组成的。古时人们对科学的认识水平比较幼稚，也没有强有力的研究手段，仅凭推理和想象。在一部分人看来，大地漂浮在水上，也就与天边之水相接了。银河是从茫茫无边的大海之中升入天际的，故天与地是相连接的，人可以通过大海由银河进入星空世界，前面蜀人浮槎访牛朗的故事，就反映出古人的这种思想认识。当然，古代的哲学家还有另外 ·种解释，即用阴阳五行变化的思想来作出解释，太阳为众阳之精，月亮为众阴之精，太阳和星星是火的精气生成的。而月和银河等则是水的精气形成的。经过哲学家的玄妙解释，银河中的水，也就与地上之水，在物质上拉开了距离。

第二节 古人对银河十二月朝向变化的认识

古代的中国人，无论是专职从事天文工作的天文学家，还是普通百姓，对银河都很关注。正是由于一年四季夜空中的任何时间，都可以看到它的存在，它那白茫茫的似云似带的天象，总能引起人们的无限遐思。《晋书·天文志》专门载有一段介绍银河分布的文字，而郑樵《通志》在引载《步天歌》时，又补充了一段无名氏的《天汉起没歌》，介绍了古人对银河走向的认识。原文如下：

天河亦一名天汉，起自东方箕尾间。
遂乃分为南北道，南经傅说入鱼渊。
开钥载弁鸣河鼓，北经龟宿贯箕边。
次络斗魁谓左旗，又合南道天津湄。
二道相合西南行，分夹瓠瓜络人星。

杵畔造父腾蛇精，王良附路阁道平。
登此大陵泛天船，直到卷舌又南征。
五车驾向北河南，东井水注入吾骖。
水位过了东南游，经次南河向阙丘。
天狗天纪与天稷，七星南畔天河没。

文字虽然通俗易懂，但由于人们对古代星名不甚了解，读起来仍不知所云。现译其大意如下：

天河又名天汉，它起自东方七宿中的箕宿和尾宿之间。由此向东北行，分为南北两道。其南边的银河支道经过傅说星、鱼星和天渊星，再经过天钥、天弁和河鼓星，而北边的支道则经过龟星、穿过箕宿，再经过南斗斗魁和左旗星，在天津星处与南道汇合。二道相合之前，一路从西南方向斜行而来，中间夹着瓠瓜星和人星。二道合行之后，又经过杵臼星、造父星和螣蛇星，再经过王良星、附路星和阁道星，一路平直地向前行。在绕过大陵星以后，又乘着天船在河中泛舟，直行到卷舌星处，然后又折向南行。遇到五车星以后，驶向北河戍星的南面，再经过东井、水位星而进入参宿。过了水位星，再次向东南方向行去，经过南河戍星，向阙丘星方向流去。又经过天狗星、天纪星和天稷星，在七星星宿的南面，天河没入南方地平线（参见彩图10中所画银河）。

从以上叙述可以看出，在中国所处的这个纬度，看到的银河，大致可以分为三个天区，第一个天区在农历的八月份前后，从东方七宿的箕、尾下的南方偏西处出地平，斜向进入北方七宿，历卯寅丑三宫。于是我们在介绍银河的朝向变化时，先从这个方位说起。现今的农历八月初昏尾箕南中之时，大致与两汉时的农历七月的中星相当。当尾箕南中之时，银河正从西南方升起，向着东北方向流去。这时的织女星，差不多正位于中天的方向，牛朗星也位于银河的东岸不远处。此时正是夏末秋初黄昏在庭院纳凉卧看牛朗织女星的最好时节，故古

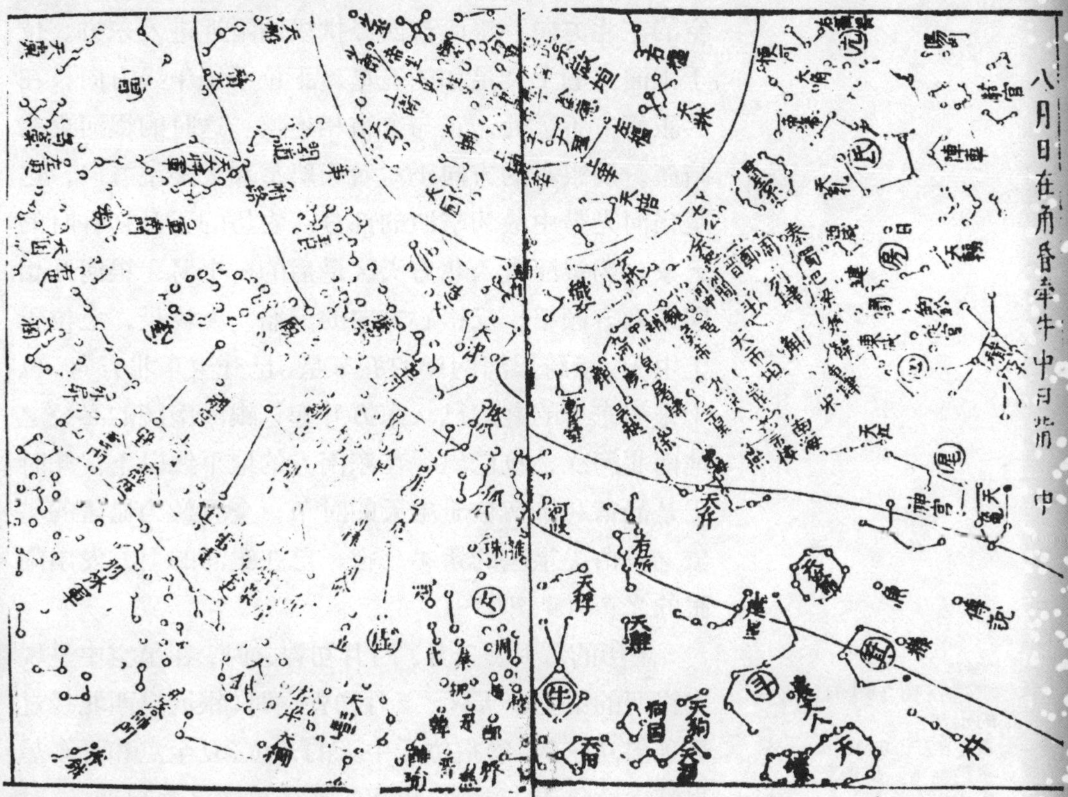

⊙图 72

明《三才图会》八月星图中的银河

可以看出银河自西南的尾、箕之间出地平，向东北方向而行，经中天织女、河鼓、天津星，入北方地平

人将七月七日定为乞巧节。当农历九月的初昏之时，尾箕二宿已转向正西南方向，这时银河正从西南经过中天斜向东北。

农历十月至正月，为银河的第二天区。农历的十月初昏之时，正是虚危二宿中天，这时的银河的重心，已经移向西方，银河南段的箕斗之处已没于西方的地平之下，织女位于正西方，横跨银河的天津星也已移到西北方向，银河的北段经过北极上方的不远处流向东北。银河仅偏于西北一隅，天顶方向已没有银河的踪影（见图 72）。农历的十一月初昏之时，银河的南段已经转到了正西方，正斜向流经北极上方不远处，至东北方向入地平。这时的银河，仅仅位于星空中的西北方向，已经不再如秋季那么明显。农历十二月初昏时的银河，位于星空的正北方，它出自正西的方位，上升至北极以南的不远处，再转向正东的方向入东方地平。天津星位于西北方向，与其遥遥相对的五车星，正横跨银河，位于天空的东北方向。银河自西经拱极圈附近进入东方。位于银河上的王良星和阁道星，正位于子午线方向，在其正南方不远处，正与奎宿相连接。这时的银河更为暗淡。反银心的方向正对着天船星和大陵星方向，这是银河光带中最为暗淡的部分。农历的正月初昏时的天象，为银河进入北方天区最后的一个月，银河开始向东南方倾斜。反银心方向的天船、大陵星，已位于上中天。横跨银河两岸的五车星，已升至东北方向。位于银河东岸的井宿已从东方升起，银河南流的必经之地南北河戍，也已出现在东南方的地平线以上。此时正是昴宿和毕宿位于中天的时节，全天最为显著的星象之一白虎星座的觜参二宿，已在银河的上方发出耀眼的光芒（见图 73）。

农历的二月、三月、四月初昏之时，在星空中呈现出银河的第三个天区。二月初昏之时，银河自西北经过天顶斜向东南，参宿位于中天的方位。夏至点和五车星也都大致位于上中天。银河的光芒再次显著起来。这时

⊙图 73

明《三才图会》十月星图中的银河

银河自西北方向的织女、箕宿出地平，绕北极行，至东北方向的昴、毕、五车入地平

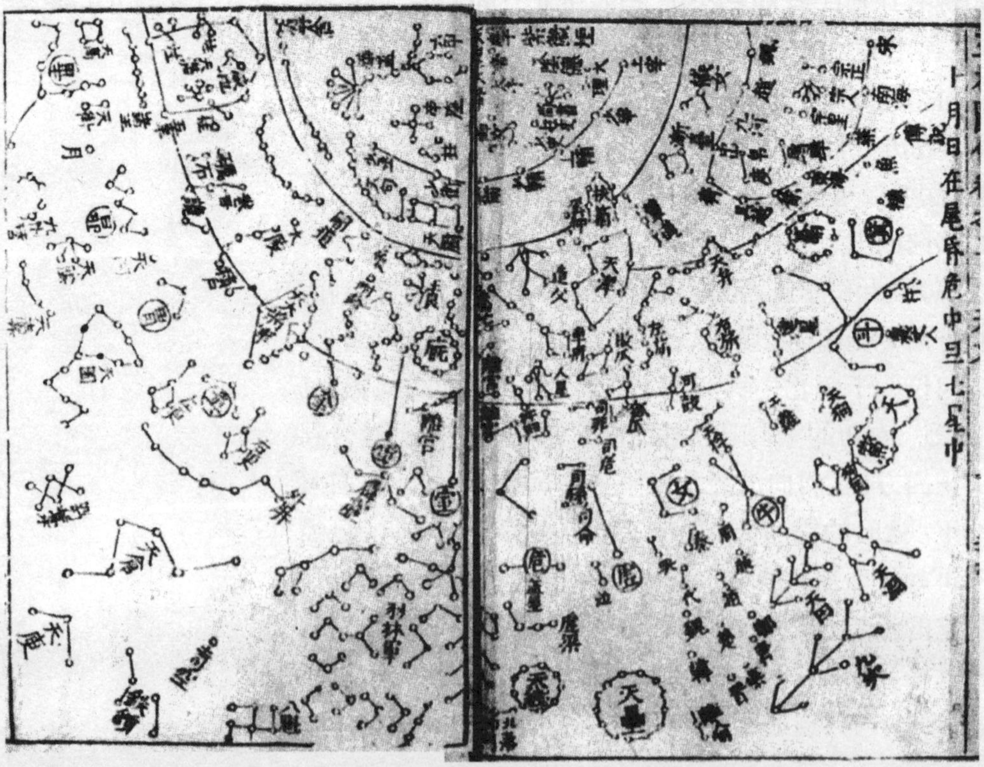

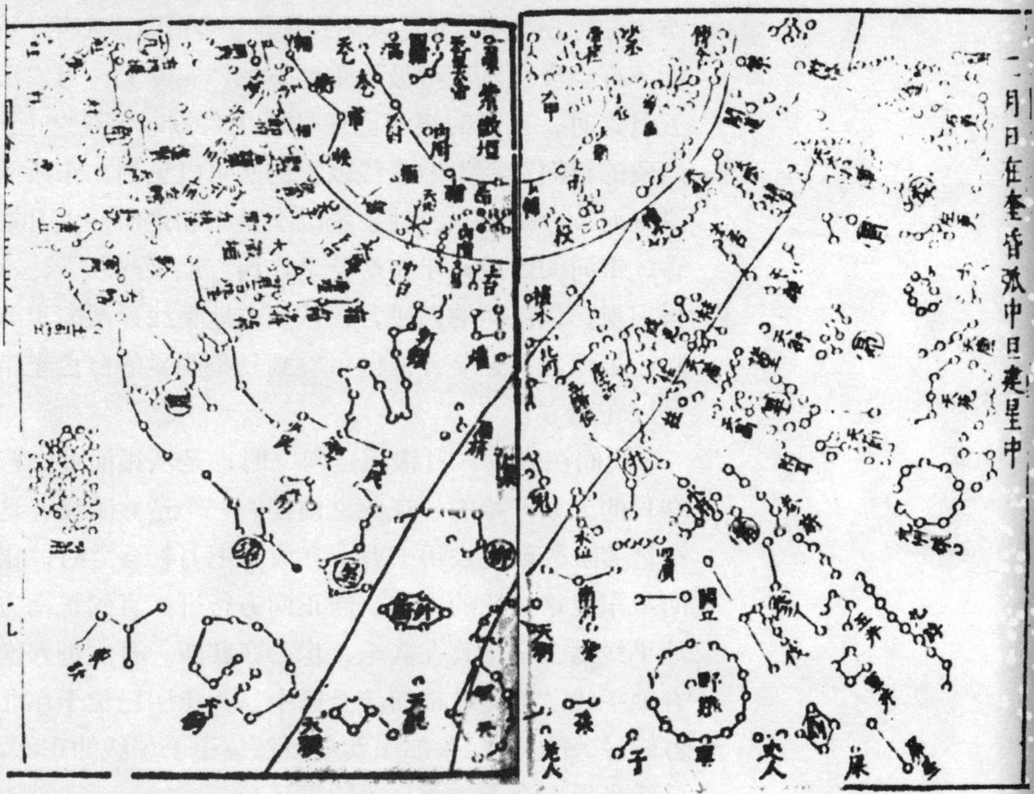

⊙图 74
明《三才图会》中二月星图中的银河
银河自西北的阁道，天大将军出地平，斜向东南行，经中天的南北河戍，鬼宿、柳宿、至星宿、张宿以南的东南方入地平

的银河，显然比不上箕斗之间那样五彩缤纷，光彩夺目，但也较为明亮。尤其是附近著名的星座开始显现出来。首先从位于银河西岸的昴宿和毕宿说起，这两个星宿的名望和重要性，我们在介绍正月星象时已经作出说明。它们虽然不位于银河之中，也是银河的近邻。毕宿的东南便是觜参二宿。它们是上古人们主要关注的星象之一，曾被上古人们用以确定正月的主要标志。觜参的东方为井宿，东南方向有全天最亮的恒星天狼星。井宿和天狼星均位于银河之中，此时的银河，实际上又开始分叉运行。三月初昏之时，银河开始西移。这时的银河，仍然是呈西北向东南走向，只是比二月的银河更向南北倾斜一些。四月的银河，成自西北向正南方倾斜。此时鬼宿位于上中天，银河偏于西方一隅，其南端隐没于南方地平线之下（见图 74）。

五月、六月的银河，可以说是隐没不见的。当然，所谓隐没不见，只是相对而言的。严格地说，在一年四季中的每一个月，都可以见到银河。所谓隐没不见，是指不再出现在显著可见的重要方位。实际上，当农历五月之时，东段的银河已经呈现在东方地平线之上；西段的银河在西方地平线以上仍然可以见到。东西两段银河，分别在东西地平线以上呈南北走向。六月初昏，银河的西段几乎完全隐没在西方地平线以下，不再出现。但银河的东段，已从东方地平线逐渐向上升起，虽然尚不显著，但已可看到一条明显的白色光带呈现在东方。

我们在介绍八月银河走向之时，是从银河最光彩夺目的天象开始的。在此之前还有一个过渡阶段，这个过渡阶段就是农历七月。在农历七月初昏之时，银河从东北略偏北的方向，向正南方行进，直到正南方地平线以上，尾箕在其东，房心在其西，再次进入南方地平线以下。在银河流经途中，天津四已位于东北方较显著的位置，牛郎织女星虽然位于子午线的东部，已经呈现出全天主要星象的风采。

明末时人袁子谦著《天文图说》，在其十二月的各个中天星象中，特别突出银河的走向。以上所介绍的各月银河走向，大致与袁子谦的中天图说相一致。为了表示银河各月走向，袁子谦还特地画了一幅“天河转运图”。这幅图已将十二个月的银河朝向全部呈现在一起。

第三节 银河上的六处津梁

天上的银河与赤道相交，大约成62°的夹角。它实际成绕天球回转的一个大圆，只是生活在黄河、长江流域一带的人们，看不到银河流经南极附近的地带。故古代的中国星图，其两头都隐没在南方地平线以下。但统观全天星图，银河大致将全天天区分为两个半边。人们不禁要问，既然天文学家将全天星象都比附为人间的各种社会组织，现今由银河将其分割成两半，相互之间是如何沟通的呢？中国民间的牛郎织女相会的故事中，有乌雀为桥，令其七月七日相会的说法。但中国古代的星占家是不信神话，而是讲求实际的。天神通过银河，也要通过关梁来实现。据笔者统计，中国古代天文文献中的银河边上有六处津梁。

于此，我们首先要弄清津梁的含义。津，为渡口之义，《论语·微子》曰："使子路问津焉。"即让子路去问渡口在哪里。故津人即渡口的船夫。津门即设在渡口的关卡或门户。天津之义，便是天上的渡口或码头。关津之义，为水陆交通的要塞，为卫戍守防之重地。通常要设关卡进行防卫。

再说"梁"字，为桥梁之义。通常指成拱起的弧形部分为梁。故梁架即为建筑中的骨架。那么，关梁当为设在桥梁处的关卡。以便对行人随时进行检查，以防奸人、罪犯逃逸，或阻止敌兵破关入侵。银河边的主要津梁有如下六处：

一、天江主津梁

《晋书·天文志》记载了两处天江："天江四星，在尾北，主太阴。江星不具，天下津河关道不通。"又曰："天津九星，横河中，一曰天汉，一曰天江，主四渎津梁，所以渡神通四方也。一星不备，津关道不通。"后世均将尾宿以北之星称为天江，而将河鼓以北银河中的九星称为天津。不过，天江星主津梁，故津梁之性能由此确立。可知银河在天江星处设有第一处渡口。按通常理解，主津梁者，此处有渡口和桥梁也。大约天江处河曲较多，故既有桥梁，又有用渡船处。

二、斗建之间亦为关梁

《晋书·天文志》说："斗建之间，三光道也……亦为关梁。不通，有大水。"甘氏曰："牵牛六星，主关梁。"晋志与甘氏所说，应是同一处关梁。关梁就是河道上有桥处的关卡。斗牛之间，为黄道出入之所，故曰"三光道"。这里所说之关梁，由于是日月五星的必经之路，又可理解为天体运行的关梁。

三、河鼓星备关梁

《晋书·天文志》曰：“河鼓三星，旗九星，在牵牛北。天鼓也，主军鼓。……左星，南星也。所以备关梁而距难也。设守阻险，知谋征也。”河鼓星的本义，为银河边上的天鼓，它是作为军鼓而设立和使用的。据以上介绍，河鼓三星中的南星，即为备关梁之星，以起到设守阻险的作用。在民间传说中，河鼓大星是牛朗星，其左右两边的小星为其追赶织女时挑在肩上的两个孩子。在星占家的笔下，河鼓星成为主管关梁的官员。那么，牛朗织女相会，就不是鸟雀架桥，直接可以通过关梁见面了。

四、天津主津梁

上引晋志曰天津“主四渎津梁”。《元命包》也说：“天津主河梁”。又曰：“天子都船。”既提到津梁，又曰船，那么，这个关卡既有桥，又有渡船。故此处是银河旁的第四个津梁。在天津星座的旁边，由从紫微垣通过来的辇道，想必由辇道驶来的车，一定会通过天津这道关梁渡河东去。

五、王良为天桥

《晋书·天文志》曰：“王良五星，在奎北，居河中……亦曰梁，为天桥。主御风雨水道，故或占车骑，或占津梁。客星守之，桥不通道。”《河图》曰：“王良为天桥”。巫咸也说：“王良，天子道，桥之渡水之官。”《荆州占》也说：“王良为西桥。”故王良星座，是中国古代星占书中唯一明确记载为银河中桥梁的星。古人没有说为什么仅仅可以在银河的王良星处架桥。考其原因有二，一是王良星正位于阁道通银河处，如果在阁道上架起桥，则通过银河就方便了。二是在王良、阁道处，银河的光带已较为细小，事实上，这个位置正处于距反银心方向不远处，为银河中最为暗弱之处，想必架桥最为容易。

六、南北河戍主关梁

《晋书·天文志》曰：“南河、北河各三星，夹东井。一曰天高，天之关门也，主关梁。南河曰南戍……北河曰北戍……两河戍间，日月五星之常道。”南河星、北河星，实际上就是南河戍、北河戍星，为两处管理水陆交通要道的官员。又南北河戍之间，正为黄道经过之地，故晋志曰“日月五星之常道”。在六处关梁中，惟本处与第二处斗牛之间为“三光道”，为关梁，均为日月五星出入之道。实际上，斗牛之间为冬至点，南北河戍之间为夏至点，这两处选作关梁之地，正是天球上的两个要点。

主要引用参考书目

1. 陈久金，《中国星座神话》，台湾古籍出版社，2004 年。

2. 陈久金等，《彝族天文学史》，云南人民出版社，1984 年。

3. 陈遵妫，《中国天文学史》，上海人民出版社，第 2 册，1982 年。

4. 陈美东，《中国古星图》，辽宁教育出版社，1996 年。

5. 潘鼐，《中国恒星观测史》，学林出版社，1989 年。

6. 冯时，《中国天文考古学》，社会科学文献出版社，2001 年。

7. 陆思贤、李迪，《天文考古通论》，紫禁城出版社，2000 年。

8. 韩玉祥主编，《南阳汉代天文画象石研究》，民族出版社，1995 年。

9. 刘志远等著，《四川画象砖与汉代社会》，北京文献出版社，1983 年。

10. 潘鼐编，《中华文明图库 · 中国天文》，上海三联书店，1998 年。

11. 陈久金，《陈久金集》，黑龙江教育出版社，1993 年。

12. 张明昌，《宇宙索奇》，江苏少儿出版社，1998 年。

13. 李良，《打开星河》，河北少儿出版社，1995 年。

14. 何光岳，《炎黄源流史》，江西教育出版社，1992 年。

15. 何光岳，《南蛮源流史》，江西教育出版社，1988 年。

16. 何光岳，《东夷源流史》，江西教育出版社，1990年。

17. 何光岳，《夏源流史》，江西教育出版社，1992年。

18. 何光岳，《百越源流史》，江西教育出版社，1989年。

19. 阮元，《十三经注疏》，中华书局，1982年影印本。

20. 邬国义等，《国语译注》，上海古籍出版社，1994年。

21. 瞿昙悉达等编，《开占元经》，中国书店影印，1989年。

22. 《历代天文律历等志汇编》，中华书局，1975年。

23. 沈玉成，《左传译文》，中华书局，1983年。

24. 林惠祥，《中国民族史》，商务印书馆，1998年。

25. 袁珂，《山海经校译》，上海古籍出版社，1985年。

26. 袁珂，《古神话选释》，人民文学出版社，1982年。

27. 吕思勉，《中国民族史》，商务印书馆，1937年。

28. 王圻、王思义编，《三才图会》，上海古籍出版社，1985年。

29. 马昌仪，《古本山海经图说》，山东画报社，2001年。

30. 陈遵妫，《星体图说》，国立编译馆，1934年。

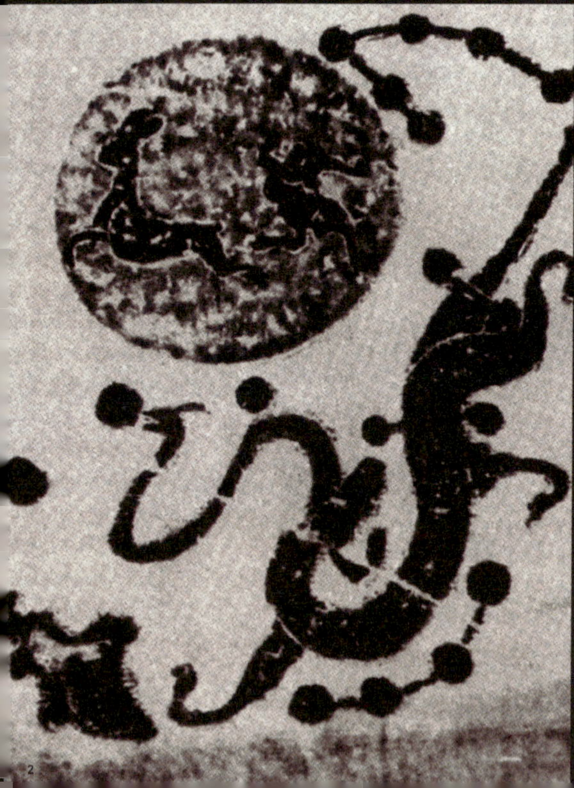

1 建于江苏锦溪的清代文昌阁

2 南阳汉画象石苍龙象星图

3 河姆渡文化陶钵上的猪象图
4 安徽含山凌家滩出土新石器时代玉雕猪象图
5 梓潼大庙文昌帝君铁象

6 商丘阏伯庙

7 山西平遥古城市楼图

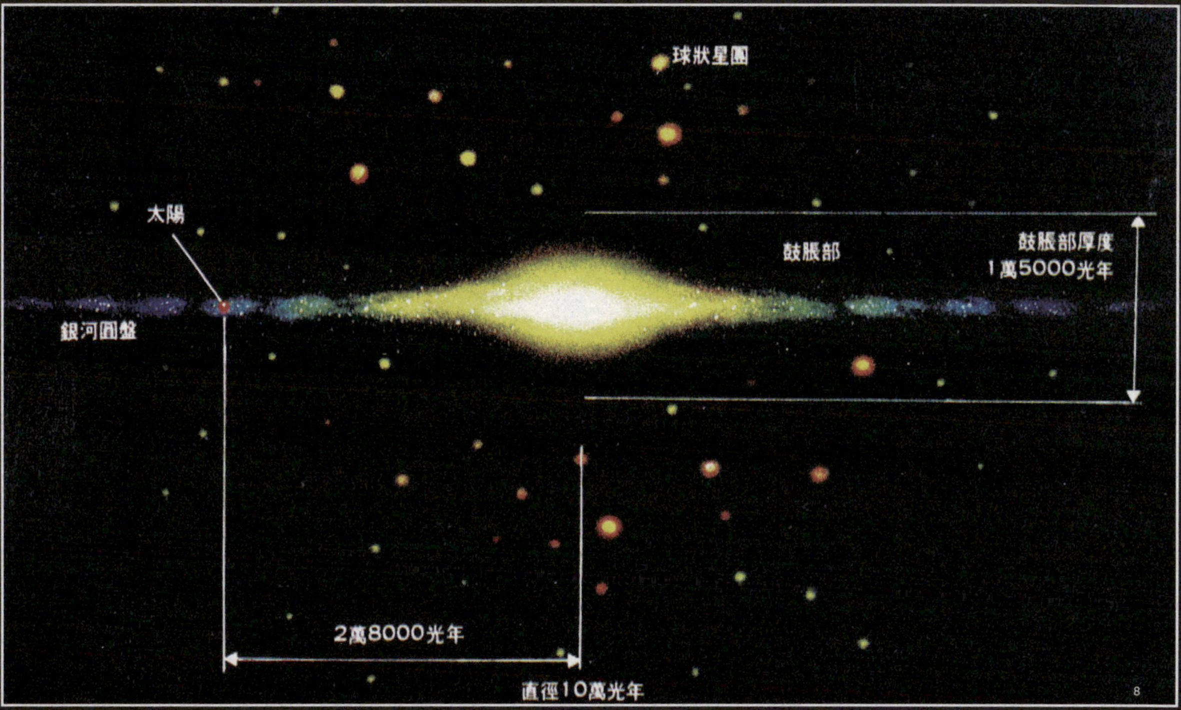

8 银河系主体侧视图
9 蟹状星云

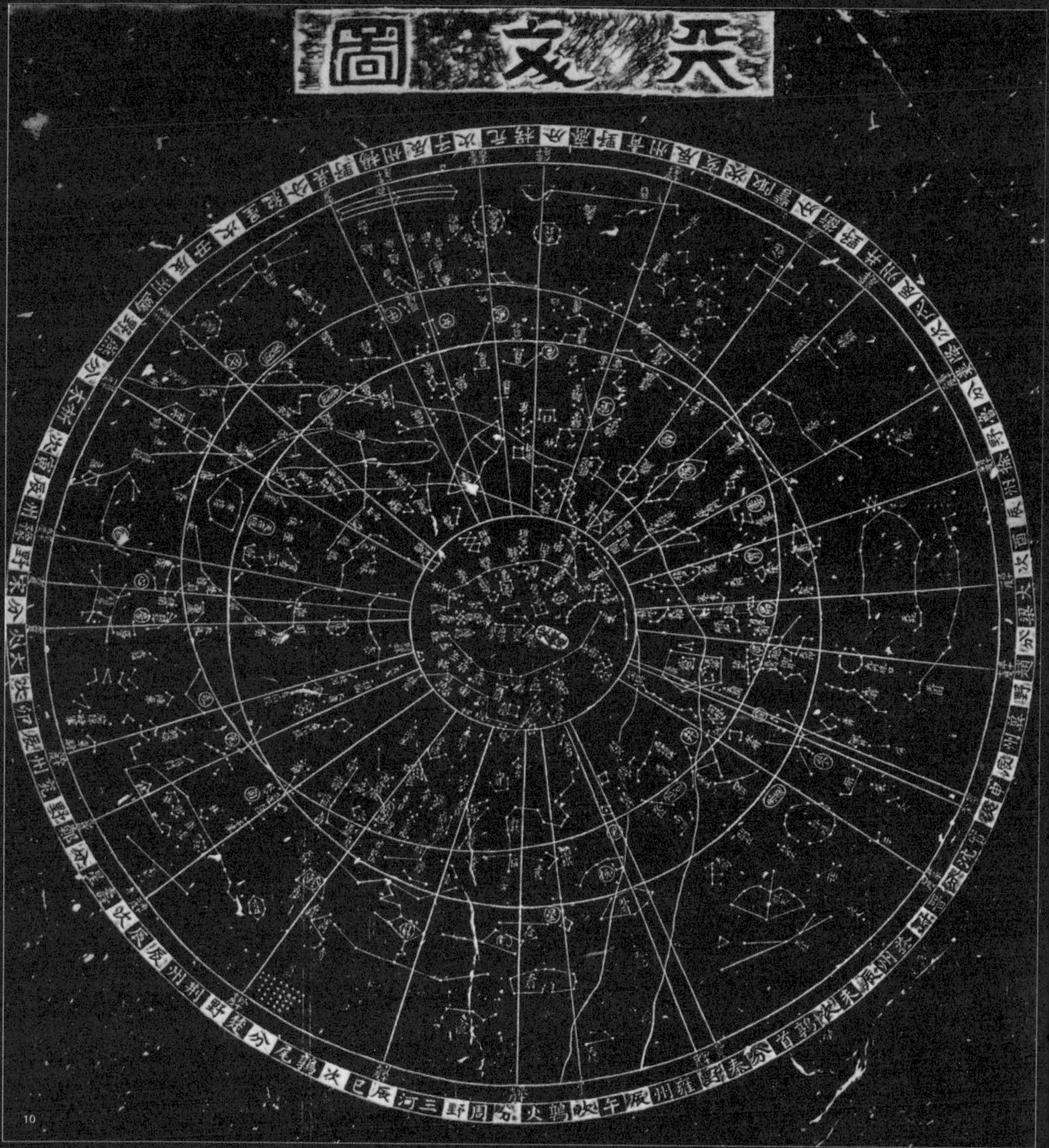

10 苏州石刻古星图

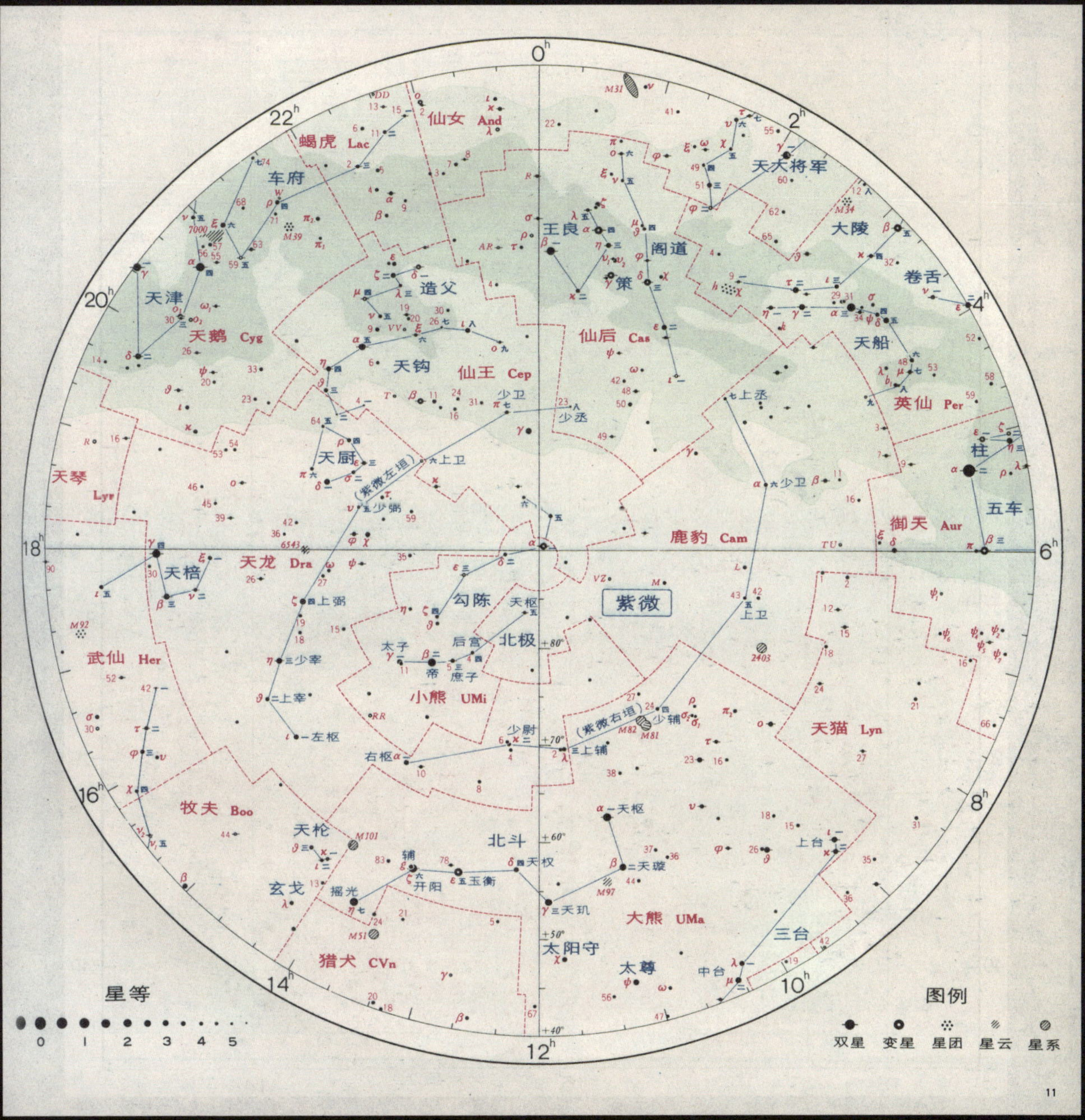

0h
2h
4h
6h
8h
10h
12h
14h
16h
18h
20h
22h
仙女 And
蝎虎 Lac
车府
天津
天鹅 Cyg
造父
天钩
仙王 Cep
王良
阁道
策
仙后 Cas
天大将军
大陵
卷舌
天船
英仙 Per
柱
五车
御夫 Aur
鹿豹 Cam
天琴 Lyr
天厨
紫微左垣
天龙 Dra
天棓
勾陈
天枢
北极
太子
帝
后宫
庶子
小熊 UMi
紫微
少卫
少丞
上卫
上丞
少弼
上弼
少宰
上宰
左枢
右枢
少尉
上辅
少辅
紫微右垣
天猫 Lyn
武仙 Her
牧夫 Boo
天枪
北斗
天权
天璇
天玑
玉衡
开阳
辅
摇光
玄戈
大熊 UMa
太阳守
太尊
三台
上台
中台
猎犬 CVn
M31
M34
M39
M51
M81
M82
M92
M97
M101
星等
0 1 2 3 4 5
图例
双星
变星
星团
星云
星系
11

11 北天星图

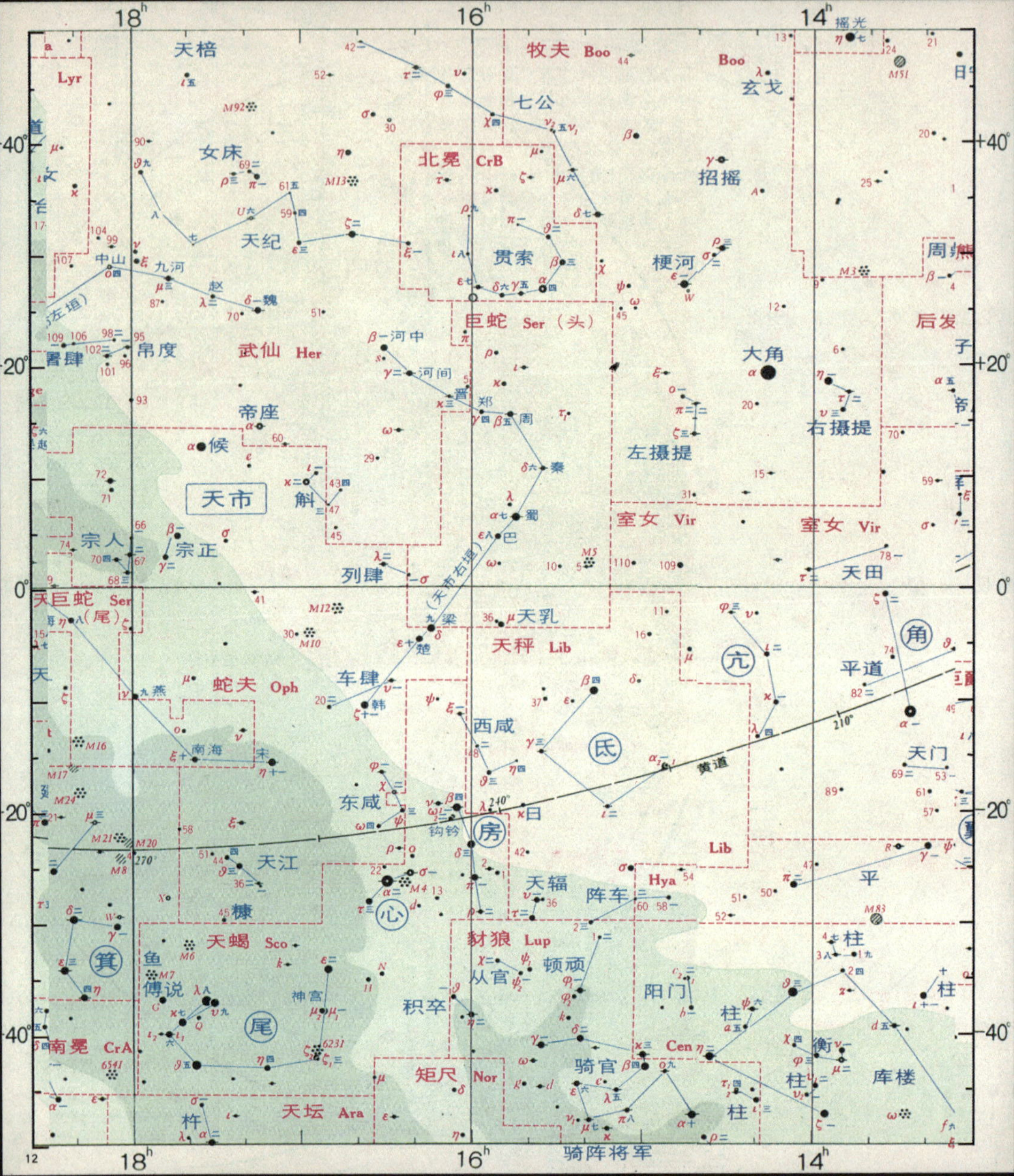

12 东宫苍龙星图

其中大火、析木星次、大角、角宿、亢宿、氐宿、房宿、心宿、尾宿、箕宿等，均与东夷民族及地域有关

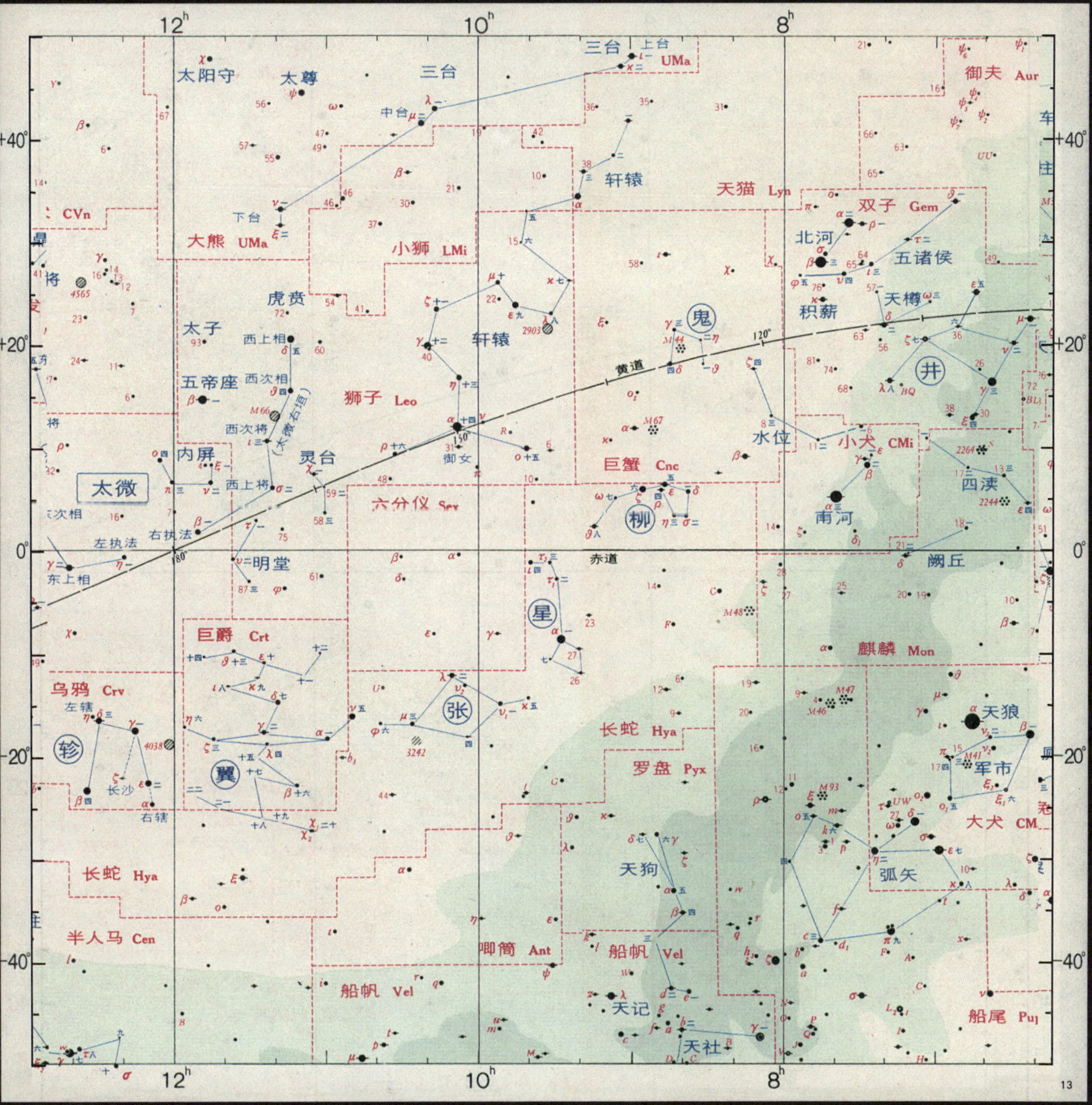

13 南宫朱雀星图

其中鹑首、鹑火、鹑尾星次，井、鬼、柳、星、张、翼等宿，及长沙、青丘等星均与南方少昊及南蛮民族及地域有关

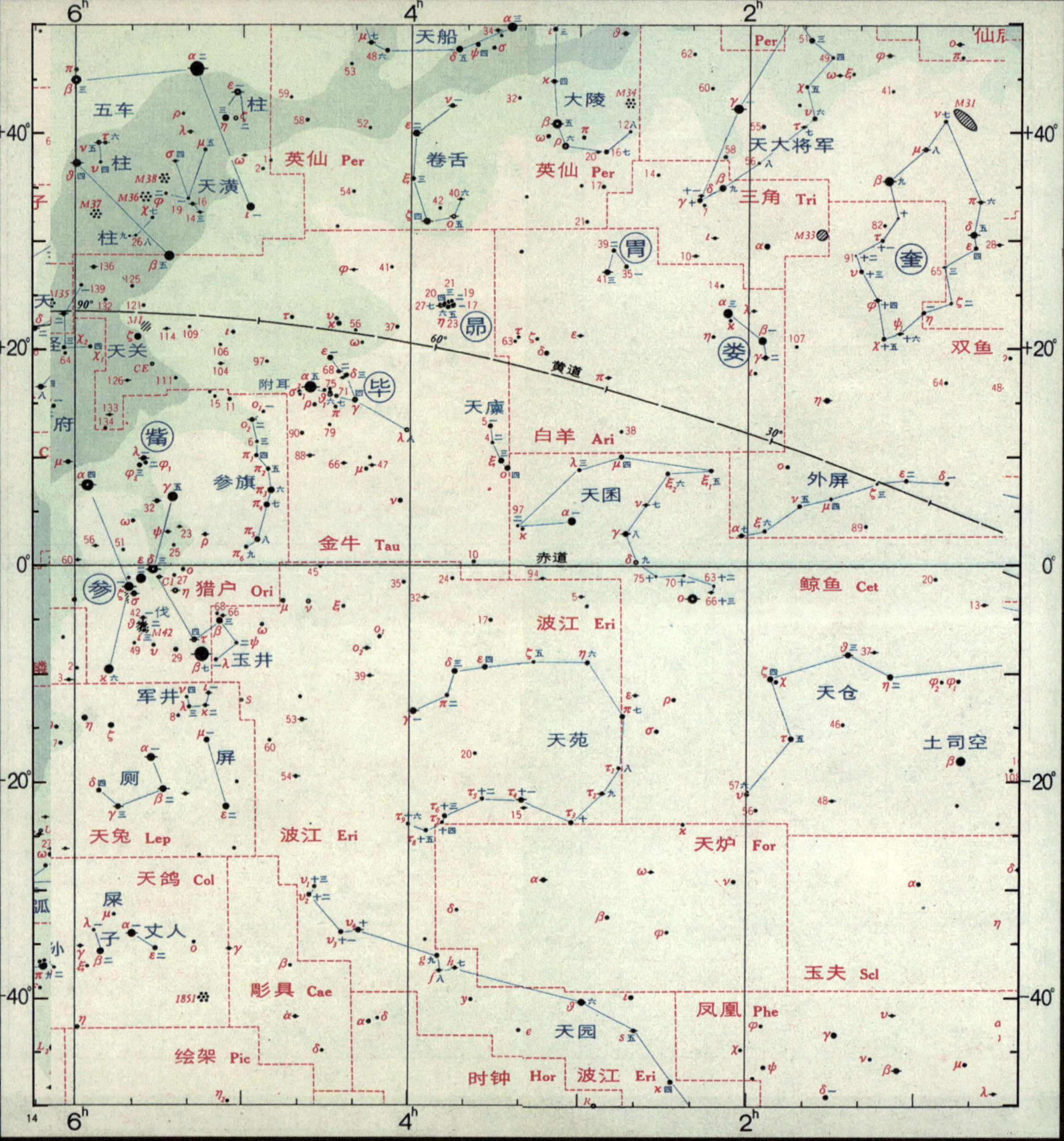

14 西宫白虎星图

其中降娄、大梁、实沈星次，大陵星，娄、昴、毕、觜、参等宿，均与西羌民族和地域有关

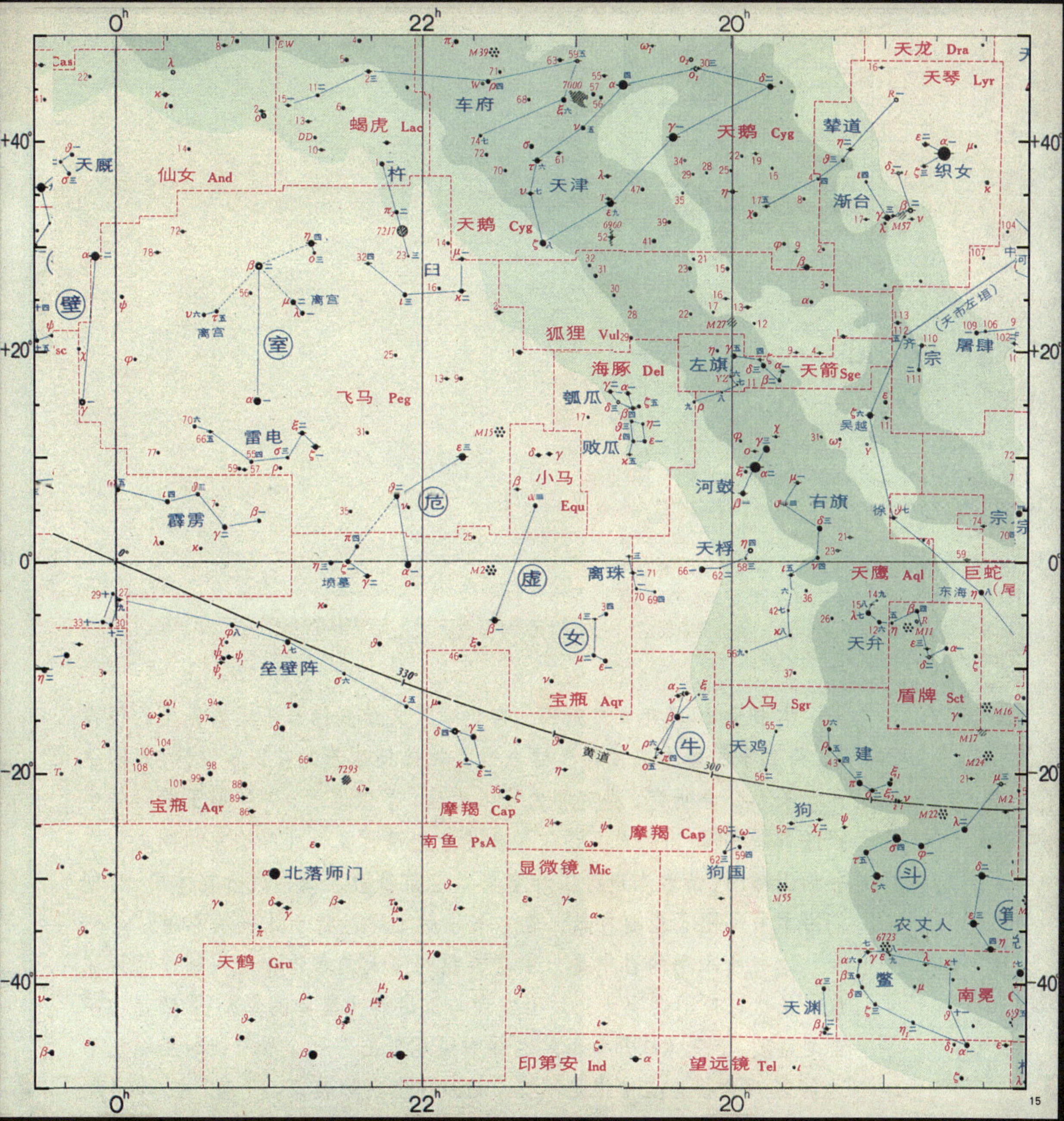

15 北宫玄武星图

其玄枵、娵觜星次，虚宿、危宿、狗星、鬼星、螣蛇星，均与北方的夏越民族有关

后 记

本书于2003年8月完稿，在北京天文馆副馆长王荣彬先生的推荐下，得到了民盟中央领导和群言出版社社长范芳的赏识和支持，当即召开社长办公会研究，决定加大投入力度，予以出版，并特邀王荣彬先生担任责任编辑。出版社又请王荣彬先生邀请天文馆美编喻京川同志为本书加工插图，请敬人设计工作室美术总监吕敬人教授进行整体设计，他们对本书作出了重要贡献，在本书出版之际，特于此表示志谢。

本书所采用的昏中星，主要参照明清天文著作和近人制作的天球仪。虽然自信不会有大错，但发现与陈遵妫《星体图说》、张明昌《宇宙之谜》、李良《打开星河》之昏中星几乎差了一个季节，即差别几乎达到90度之多，心中很是不安，必须作出实际验证。于是，在2003年中秋节的傍晚，我与王荣彬先生、北京古观象台副台长李东生、宣教办主任陈晓一起在古观象台观看昏中星。虽是天空多云，城市灯光强烈，我们仍然看到了牛郎星、织女星正在天顶照耀，也看到了大火星位于西南地平线以上不远处，与本书所述八月中星是一致的。

为了进一步作出深入验证，借助于2003年12月7日（农历十一月十四日）近世天文学家朱文鑫诞生100周年纪念会之机，我带了事先准备好的十一月中星图赴昆山锦溪参会，心想这是在农村田野观星的绝好机会。不料连续阴雨，无功而返。机会终于来了，12月25日（农历十二月初三日）在清华大学近春园召开夏商周断代工程《繁本》审稿会，这时天空晴朗，清华园虽然也受到城市灯光的影响，但比市区毕竟好多了。我们在中天清晰地看到了仙后座的W星，在中天西边的正四边形营室星座也全部显现出来。中天的奎宿由于星体较暗，难以辨认，但还是看到了奎大星。东南的参宿众星也都清晰可见，东北方的毕宿、五车星和东井几颗大星也都显现出来。西北方也可以看到天津星。此正合于十二月昏中的天象。这个实际观测结果，与我们在书中相应昏中星的描述是一致的。经过多次验证，已实际证实了书中各月昏中星的描述是大致无误的，读者可以放心地使用。

我个人以为，此书能在民盟中央主办的群言出版社出版，感到很高兴，因为我相信在群言出版社和各界人士的积极努力工作下，此书的读者会更多，此书的普及面也会更广。我和读者一样，期待着此书带给大家更加丰富多彩的精神营养。

2004年1月3日

图书在版编目(CIP)数据

星象解码／陈久金著.－北京：群言出版社，2004.5
ISBN 7-80080-388-0
I.星… II.陈… III.星座－普及读物 IV.p151-49

中国版本图书馆 CIP 数据核字（2004）第 013592 号

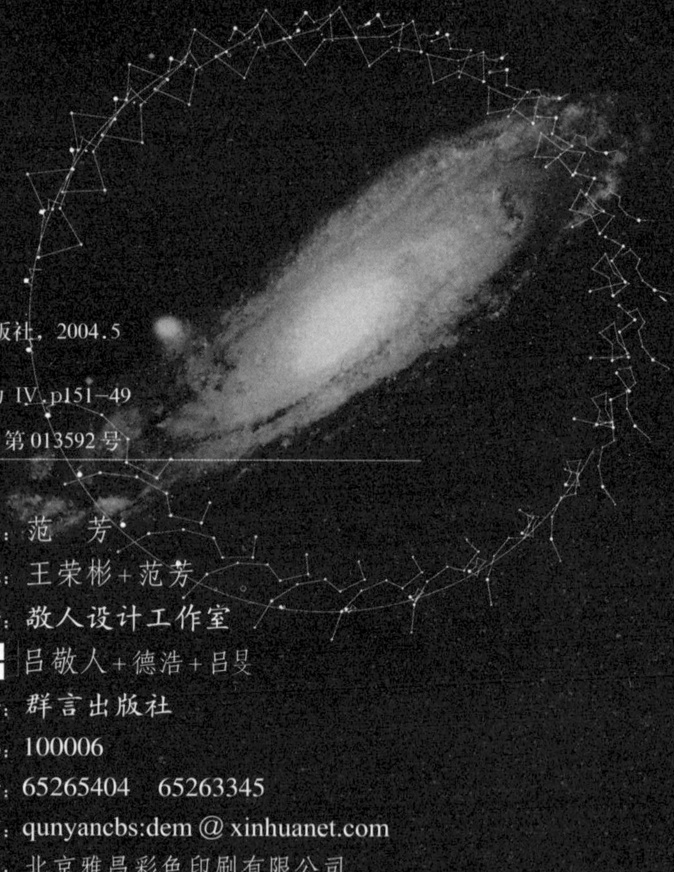

总　策　划：范　芳
责任编辑：王荣彬＋范芳
装帧设计：敬人设计工作室
吕敬人＋德浩＋吕旻
出版发行：群言出版社
邮政编码：100006
联系电话：65265404　65263345
电子信箱：qunyancbs:dem @ xinhuanet.com
印　　刷：北京雅昌彩色印刷有限公司
经　　销：全国新华书店
版　　次：2004年5月第1版
2004年5月北京第1次印刷
开　　本：787 × 1092　1/16　印张 15.25　10 插页
字　　数：174 千字
印　　数：1－30000
书　　号：ISBN 7-80080-388-0/P · 1
定　　价：48.00元